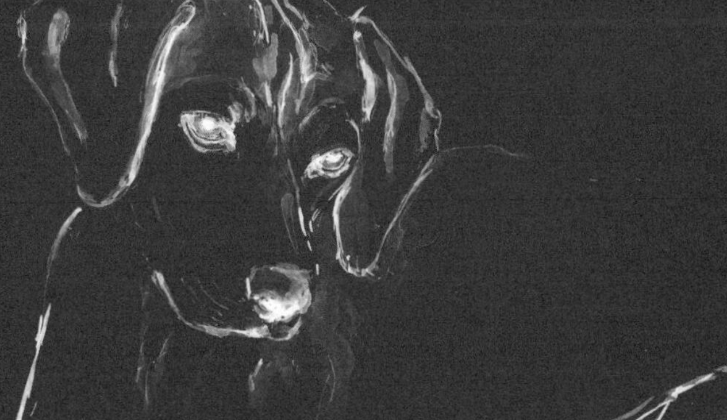

KATHARINA VON DER LEYEN
ANGELEINT!
ENTSPANNTES LEINENTRAINING
FÜR MENSCH UND HUND

MENSCH, HUND UND LEINE

Bevor es losgeht

DAS LEINENTRAINING

Auf die Plätze, fertig, los!

LEINENALLTAG

Jede Menge neue Herausforderungen

VORWORT

In unserer Vorstellung vom idealen Spaziergang kommt nur selten der Hund an der Leine vor. Allerdings kommt darin auch nur in den seltensten Fällen Rehwild vor, Verkehr oder läufige Hündinnen. Will sagen: Die ideale Vorstellung deckt sich nun einmal nicht mit der Realität. In der nämlich können wir nicht mit Hund ohne Leine leben – ist leider so. Noch dazu gibt es mittlerweile mehr Städte mit Leinengesetzen als Städte, in denen man auf den gesunden Menschenverstand der Bürger setzt, die weder ihre Hunde noch ihre Mitmenschen unnötigen Gefahren oder Ängsten aussetzen möchten.

Dass Hunde lernen müssen, anständig an der Leine zu gehen, ist heutzutage keine Frage mehr. Da, wo ich wohne zum Beispiel, gibt es so viel Wild, dass selbst für meine hochwohlerzogenen, gut trainierten Superhunde (etwas anderes kann man sich als Hundebuchautor auch praktisch nicht leisten) Spaziergänge ganz ohne Leine praktisch unmöglich sind. Und wer wie ich acht bis neun Hund an der Leine führen muss, achtet sehr darauf, dass die Hunde entspannt und locker an dieser laufen. Alles andere wäre bestenfalls fahrlässig, schlimmstenfalls selbstmörderisch.

Auch wenn Gasthunde bei mir zu Besuch sind, frage ich die Besitzer immer, ob ihre Hunde leinenführig sind. Wenn sie es nicht sein sollten, muss ich mit ihnen üben, bevor ich sie zusammen mit allen anderen Hunden zum Spaziergang mitnehme. Denn wenn innerhalb meiner Kleingruppe einer zieht, bringt er den ganzen Laden durcheinander – und mich ins Wanken. Bisher haben alle Hundebesitzer, ohne rot zu werden, behauptet, ihr Hund ginge gut an der Leine. Das deckt sich zwar nicht mit meinen Erfahrungen, aber entweder sind Hundebesitzer grundsätzlich sehr leidensfähig, oder sie betrachten ihren Hund durch die rosarote Brille der Liebe und merken einfach nicht, dass ihr Hundespaziergang einer Übung mit einem Kutschpferd gleicht. Jedenfalls konnte eigentlich kein einziger meiner Besuchshunde an der lockeren Leine gehen, wenn wir erwartungsvoll unseren ersten gemeinsamen Spaziergang starteten. Das wundervollste Argument, das ich hierzu je hörte, war: »Doch, der kann an der Leine gehen. Aber eine Leine von zwei Metern ist ihm eben zu kurz.«

Ich brauche nur wenige Tage, um Hunden das höfliche Gehen an der Leine beizubringen, weil dies zu meinen absoluten Prioritäten gehört. Die Leine bleibt locker. Mir würde es gar nicht einfallen, mit einem Hund spazieren zu gehen, der mich durch die Gegend zieht, als wäre ich eine Dose an der Stoßstange von Frischverheirateten. Weil meine innere Haltung diesbezüglich so klar ist, übernehmen auch fremde Hunde das sehr schnell. Natürlich haben sie auch meine Hunde, die ihnen mit gutem Beispiel zur Seite gehen.

Alle der angewandten Übungen in diesem Buch beziehen sich auf die Erfahrungen mit meinen eigenen und fremden Hunden, die mich in den vergangenen 40 Jahren auf Spaziergängen begleitet haben. Es waren völlig unterschiedliche Hunde, vom Chihuahuamischling oder Lhasa Apso über Weimaraner, Deutsch Drahthaar, Akita, Barsoi und Pudel bis hin zu Collie oder Schäferhund. Ich habe dabei nie gebrüllt oder geschrien, nie an der Leine geruckt und dieselbige auch immer am liebsten vom Hund abgemacht. Aber ich weiß auch, dass der Freilauf nicht funktioniert, wenn der Hund nicht gelernt hat, höflich an der Leine zu gehen – und umgekehrt. Es ist immer ein Zusammenspiel von Kommunikation, Achtung und Respekt voreinander.

Es gibt immer einzelne Exemplare (Hunde wie Menschen), die noch ganz andere Trainingsideen brauchen. Kein Buch der Welt kann alle Probleme lösen, dafür sind Hunde (und die dazugehörigen Menschen) viel zu kreativ im Aufstellen neuer Verhaltensweisen, die keiner braucht und die erst noch gelöst werden wollen. Aber genau hierin liegt auch der Trick: Wenn wir aufhören, auftretende unerwünschte Verhaltensweisen bei unserem Hund als »Problem« zu empfinden, sondern als interessante Aufgabe wahrnehmen, die es zu lösen gilt, haben wir praktisch schon gewonnen. Betrachten Sie Ihren Hund als wandelndes Sudoku, das macht Ihr Leben leichter und spannender. Hundeprobleme haben gegenüber Problemen mit Menschen einige Vorteile: Die Verhaltensauffälligkeiten unserer Vierbeiner lassen sich gewöhnlich leichter und besser lösen, denn sie sind meistens verhältnismäßig leicht nachzuvollziehen. Außerdem werden Hunde nicht alkohol- oder drogensüchtig, und sie müssen Ihren Hund auch nicht von seinen Freunden fernhalten, weil die einen schlechten Einfluss auf ihn ausüben. Die Antwort auf alle vermeintlichen und richtigen Probleme Ihres Hundes sind in den meisten Fällen Missverständnisse zwischen Ihnen und ihm – das hört man zwar nicht gerne, aber das dürfte meistens kein Problem sein.

Bleiben Sie positiv und gut gelaunt. Es sind nur einige wenige Dinge, die Ihr Hund von Ihnen braucht und erwartet. Sie müssen keine neuen Theorien und Methoden erfinden, sonder nur alles, was Sie mit ihm anfangen, auch zu Ende führen. Bleiben Sie in Kommunikation mit Ihrem Hund, machen Sie ein »Miteinander« aus Ihren Spaziergängen mit ihm und werden Sie aufmerksamer für die kleinen Kommunikationsprobleme, die auftreten, bevor sie zu großen Problemen werden. Das ist auch nicht anders als in allen anderen Beziehungen auch. Und nicht zuletzt deshalb sind Hundebesitzer häufig beziehungsfähiger als »normale« Menschen: Sie haben reflexhaft gelernt, auftretende Probleme genau anzusehen, einen Schritt zurück zu machen und zu überprüfen, an welcher Stelle sie losgingen – und was daraufhin schieflief.

Schauen Sie sich an, mit wem Sie es bei Ihrem Hund zu tun haben, und richten Sie sich danach. Ein verträumter, trödeliger Hund mit Konzentrationsschwierigkeiten muss anders geführt werden als eine hoch motivierte Sportskanone mit der Aufmerksamkeitsspanne einer Ameise. Achten Sie auf Ihre eigene Stimmung: Macht es für Ihren Hund Sinn, sich in Ihrer Nähe aufzuhalten? Oder sind Sie angespannt und gereizt, sodass es eigentlich besser für ihn wäre, Ihnen aus dem Weg zu gehen? Das ist übrigens noch so etwas , was Hunde einem so großartig und ganz frei von Bewertung beibringen: im Umgang mit ihnen (und anderen) mehr Selbstreflektion einzubringen. Näher als durch unseren Hund werden wir der Erleuchtung nicht kommen.

MENSCH, HUND UND LEINE

Bevor es losgeht

DIE LEINE IST BESSER ALS IHR RUF

Die Leine ist weder Foltergerät noch Freiheitsberaubung, kein Lasso und kein Abschleppseil. Stattdessen ist »Ungebundensein« für Hunde in unserer heutigen Welt an vielen Stellen mit großen Risiken verbunden. Doch um dem Hund vermitteln zu können, dass die Leine völlig okay ist, muss auch der Mensch sie erst einmal als Hilfe und Segen akzeptieren.

Für uns Menschen ist die Vorstellung, »angeleint« zu sein, gleichzusetzen mit dem Gegenteil von Freiheit und Selbstbestimmung. Für Hunde ist das anders: Freiheit und »Ungebundensein« sind für sie mit sehr großen Risiken verbunden. Hunde bevorzugen deshalb (trotz aller Regeln) die Sicherheit. Für Ihren Hund bedeutet Freiheit, sich um nichts kümmern zu müssen – und das geht nur, wenn Sie die Führung und damit die Verantwortung übernehmen.

Das Problem ist: Wenn Sie die Leine nicht mögen, kann Ihr Hund sie auch nicht mögen. Sie müssen sich also als Allererstes selbst überzeugen, dass die Leine etwas Gutes ist – und das wird sie auch spürbar, wenn Ihr Hund erst gelernt hat, »anständig« an ihr zu laufen. Schließlich ist (wenn wir sie richtig einsetzen) gerade die Leine das Werkzeug für Sicherheit. Vor allem ein Hund, der noch nicht 100-prozentig erzogen ist (und wann ist ein Hund das überhaupt?), der noch nicht gelernt hat, dass Autos gefährlich und manche Wasser sehr tief sind, der pubertiert oder läufig ist, sich gerade nicht konzentrieren kann oder sich leicht mal erschreckt, muss nun mal zwischendurch an die Leine. Noch dazu herrschen mittlerweile in den meisten Städten Leinengesetze.

Die Leine ist buchstäblich das Band zwischen Ihnen und Ihrem Hund. Sie gibt Sicherheit – und ohne ein Gefühl von Sicherheit kann Ihr Hund keine Bindung zu Ihnen entwickeln.

Die Leine ist keine Strafe, sondern ein wunderbares Werkzeug, das gleichermaßen ein Mittel für Abenteuer und mehr Sicherheit ist.

Und nein: Ein Hund, der an der Leine zieht, versucht keineswegs, Sie zu »kontrollieren«: Er ist aufgeregt, er will dringend irgendwohin oder irgendwas beschnüffeln – aber nicht Sie »kontrollieren«. Das ist eine menschliche Interpretation. Machtfantasie. Hunde sind an der Weltherrschaft nicht interessiert (sonst hätten sie sie längst erreicht). Hunde haben kein Interesse am »Dominieren« – sie wollen einfach raus und hierhin und dorthin. Dementsprechend nützt es auch wenig, wenn Sie Ihrem Hund nicht erlauben, jemals an Ihrer Seite oder vor Ihnen zu laufen, auch wenn das manchmal als Erfolgsmethode angepriesen wird. Ein Jahr oder ein Leben lang hinter dem Menschen laufen zu müssen, ist für einen Hund kein Erziehungsmittel, sondern reiner Psychoterror. In wild lebenden Hundegruppen läuft der Gruppenchef keineswegs immer vorneweg. Ganz im Gegenteil: Meistens läuft er irgendwo in der Mitte oder sogar hintendrein. Hunde haben keine preußischen Militärambitionen.

Trotz aller guten Gründe für die Leine muss der Hund natürlich erst einmal lernen, daran zu gehen. Hunde verstehen nichts von Physik, von Druck und Gegendruck. Wenn Ihr Hund im Gegensatz zu allen Erwartungen nicht herumtobt wie ein wilder Elch, dem man zum ersten Mal ein Seil um den Hals gelegt hat, ist ihm das hoch anzurechnen und zeugt von seiner hohen Kooperationsbereitschaft. Er muss jetzt noch lernen, dass die Leine etwas Gutes ist und er sich auf dem Spaziergang entspannen kann. Und damit Ihr Hund das lernen kann, müssen zuerst Sie sich das selbst verinnerlichen.

DIE LEINE IST KEINE STRAFE

Wenn man Menschen mit Hund an der Leine beobachtet, fällt auf, dass die meisten von ihnen Strafmaßnahmen wie Rucken, Reißen und Rückwärtszerren anwenden, um dem Hund klarzumachen, dass er nicht an der Leine ziehen darf. Kaum einer dagegen macht sich die Mühe, dem Hund zu erklären, was er stattdessen machen soll: nämlich entspannt an der lockeren Leine gehen.

Was ein Hund nicht tun soll, ist ein Plan, aber kein Ziel. Ein Ziel ist, was der Hund machen soll: höflich an der lockeren Leine gehen zum Beispiel. Und um das zu erreichen, müssen Sie dem Hund erst einmal zeigen, wie Sie es gerne hätten.

Die Leine ist etwas Großartiges. Ihr Hund zeigt Ihnen das doch immer wieder deutlich mit dem Freudentanz, den er aufführt, wenn Sie die Leine in die Hand nehmen: Sie verheißt Abenteuer und interessante Erlebnisse, einen Ausflug, Neuigkeiten und Gesellschaft. Wenn allerdings Sie selbst die Leine doof finden, kann Ihr Hund nicht lernen, dass die Leine das magische Band zwischen Ihnen beiden ist, Ihr verlängerter Arm, mit dem Sie ihn »an die Hand« nehmen. Mit der Leine können Sie besser und schneller mit Ihrem Hund in Kontakt treten und seine Aufmerksamkeit gewinnen – auch wenn am Horizont etwas Interessantes auftaucht. An der Leine muss Ihr Hund keine eigenen Entscheidungen treffen, was ihn entstresst und entlastet. An der Leine können Sie Ihrem Hund besser zeigen, dass es lustig und nützlich ist, mit Ihnen zusammenzuarbeiten, anstatt sich Ihnen (im Freilauf) zu entziehen.

Wenn Sie die Leine akzeptieren, wird Ihr Hund lernen, dass er daran bei Ihnen in Sicherheit ist, dass er sich um nichts kümmern muss. An der Leine (an der Hand) führen Sie ihn sicher an Gefahren vorbei (zum Beispiel an kreischenden Kindern, komisch guckenden anderen Hunden, Fahrrädern, Skateboards …). Dann wird Ihr Hund das magische Band zu schätzen lernen. Versprochen.

Die Leine ist weder Ihre Telefonleitung zum Hund noch ein Lasso oder Abschleppseil. Sie ist auch kein Erziehungsmittel. Sie ist nichts weiter als eine Begrenzung, damit der Hund Ihnen im Zweifelsfall nicht durchgeht, wenn er auf der anderen Straßenseite einen Hund, eine Katze oder einen

Vogel auf der Fahrbahn sitzen sieht. Trotz Leine müssen Sie Ihren Hund ansprechen, wenn Sie etwas von ihm wollen, als wäre er nicht angeleint. Ihn einfach weiterzuzerren, wie man das häufig bei angeleinten Hunden beobachten kann, ist unhöflich und nicht freundlich. Sie wissen schon: Der Hund schnüffelt irgendwo, und der Mensch lässt ihn auch, bis er plötzlich keine Lust mehr hat und den Hund einfach weiterzerrt. Oder der Mensch ändert plötzlich die Richtung und schleift den Hund einfach in die andere Richtung, ohne ihn anzusprechen.

DIE WAHRNEHMUNG DES HUNDES AN DER LEINE

Ich habe schon häufig den Stoßseufzer gehört: »Ich möchte doch einfach nur entspannt an der lockeren Leine spazieren gehen.« Tatsache ist: Für den Hund ist das Höflich-an-einer-lockeren-Leine-Gehen wahrscheinlich eine der schwierigsten Übungen, die wir ihm abverlangen. Würde man unsere Hunde fragen, würden sie den Vorgang wahrscheinlich folgendermaßen beschreiben: »Langsam vor sich hin schlurfen und alles, was interessant ist, ignorieren müssen.« Wir Menschen wünschen uns, dass unsere Hunde Seite an Seite mit uns spazieren gehen. Dabei ist das etwas, was Hunde von Natur aus nicht tun. Hunde gehen nicht Seite an Seite, Schulter an Schulter, spazieren nicht wie befreundete Menschen. Nebeneinander in den Sonnenuntergang zu spazieren, mag unsere Vorstellung von Freundschaft sein, aber für Hunde hat das keine Bedeutung. Selbst eng befreundete Hunde laufen mal hier lang, mal da lang und mal dort, und zwar mal hintereinander, mal nebeneinander und – vor allem – auch ganz für sich. Hunde möchten herumrennen und überall herumschnüffeln. Sie wollen buddeln, Mäuse jagen, Hasenköttel fressen und all den irrsinnigen Gerüchen und spannenden Geräuschen folgen, die wir Menschen nicht einmal erahnen. Wir dagegen stapfen langsam den Gehsteig entlang und erwarten, dass unsere vierbeinigen Begleiter genauso langsam neben uns herwackeln und alle Verheißungen um sie herum links liegen lassen. Doch ruhig und langsam neben einem Menschen herzugehen, widerspricht dem natürlichen Gang des Hundes – dem Trab – und verlangt ein hohes Maß an Selbstkontrolle, das für manche Hunde nur schwer aufzubringen ist.

Dazu kommt, dass unser eigenes Verhalten an der Leine häufig sehr unüberlegt oder gedankenlos ist – schon weil wir Menschen oft nicht gelernt haben, wie wir es denn sonst machen sollen. (»Das hat mein Vater schon so gemacht, das kann ja nicht falsch sein.« Doch! Wie wir in vielerlei Hinsicht wissen, haben unsere Väter eine ganze Menge Dinge gemacht, die aus heutiger Sicht komplett verkehrt waren.)

STRESS DURCH ZIEHEN ODER ZIEHEN DURCH STRESS?

Dass der Hund lernt, höflich an der Leine zu gehen, ist nicht nur deshalb wichtig, weil niemand die Zeit hat, 15 Jahre lang regelmäßig zum Chiropraktiker zu marschieren. Das Ziehen an der Leine ist nicht nur lästig und – je nach Größe des Hundes – schmerzhaft für Ihre Schulter: Es ist tatsächlich auch richtig ungesund für Ihren Hund. Nicht nur, dass seine Wirbelsäule beim Ziehen an Halsband oder Geschirr ständig falsch belastet wird und ein dauerhafter Zug zu Muskelverspannungen und -verhärtungen führen kann. Die meisten Hunde, die man beim Ziehen an der Leine beobachtet, haben auch massiven Stress – was man deutlich an ihrem Keuchen und den oft hervortretenden Augen feststellen kann.
Wer an der Leine zieht, als gäbe es dafür einen Preis, ist das Gegenteil von entspannt und gelassen. »In einer Atmosphäre von Furcht und Unruhe kann weder Begreifen noch Lernen stattfinden«, sagte Rose Kennedy, die Mutter des amerikanischen Präsidenten JFK, einmal. Will heißen: Ist der Hund erst einmal »unter Druck«, ist er je nach Stresslevel weder ansprech- noch ablenkbar.
Solange Ihr Hund also zieht wie ein Kutschpferd, kann er nicht lernen, höflich an der Leine zu gehen: Sein Gehirn lässt das nicht zu. Sie könnten ihn anschreien, auf der Stelle herumhüpfen und mit den Ohren wackeln: Es würde nichts ändern. Bevor Ihr Hund nicht in einem Zustand ist, in dem er überhaupt ansprechbar ist, können Sie ihm nichts beibringen.

STARKER HORMONCOCKTAIL

Ständiger Druck auf die Luftröhre oder den Brustkorb sorgt dafür, dass die Nervenenden Adrenalin und Noradrenalin ausschütten. Die Herz- und die Atemfrequenz erhöhen sich, die Blutgefäße, die die Muskeln des Verdauungssystems versorgen, ziehen sich zusammen, das Gehirn schaltet in den »Flight or Fight«-Modus: Flüchten oder Kämpfen. Der Hund bekommt also massiven Stress und kann gar nicht mehr normal reagieren oder auf uns hören: Das ist physisch einfach nicht möglich. Selbst wenn er sich anschließend zu Hause wieder ausruhen darf, ist der Kortisollevel noch so stark erhöht (bis zur vierfachen Menge!), dass er gar nicht in den Normalzustand sinken kann, bevor es wieder losgeht – zum nächsten Spaziergang. Der Hormonpegel ständig gestresster Hunde kann dadurch nie auf ein normales Niveau herunterfahren, die Stressauslöser sind ja permanent vorhanden. Kein Wunder, wenn aus dem Leinenzieher früher oder später ein leinenaggressiver Hund wird: Er ist ja permanent gereizt. Tatsächlich sind manche Hunde in einem neuen, ungewohnten Umfeld so aufgeregt, gestresst und/oder unkonzentriert, dass die erste Priorität nicht ihre Leinenführigkeit ist, sondern erst einmal, Ruhe und Vertrauen aufzubauen und mit dem Hund in Kontakt zu kommen. Das heißt, dass Sie, bevor Sie mit dem »richtigen« Leinentraining anfangen, den Stress erst einmal massiv reduzieren müssen. Andere, ruhigere, kürzere Spaziergänge, kein Fahrradfahren mehr, keine Spaziergänge mit einer ganzen Truppe anderer Hunde und Menschen – und zwar so lange, bis die Aufregung Ihres Hundes so weit reduziert ist, dass er überhaupt ansprechbar ist. Erst dann können Sie mit ihm trainieren, denn erst dann ist sein Gehirn überhaupt aufnahmebereit.

Eine lockere Leine ist immer auch ein Hinweis auf die momentane Ansprechbarkeit des Hundes.

WAS IST EIGENTLICH STRESS?

Stress ist das, was passiert, wenn ein Hund physisch oder psychisch überfordert oder auch massiv unterfordert wird. So ein Hund reagiert dann nicht mehr entsprechend der jeweiligen Situation, sondern nur noch instinkt- und triebgesteuert.

Stress versetzt den Hund in Alarmzustand. Seine Körperfrequenzen laufen auf Hochtouren: Blutdruck und Herzschlag steigen an, und die Leber schüttet Glukose in den Blutkreislauf. Das Gehirn reagiert, als sei eine lebensbedrohliche Situation eingetreten, der ganze Körper gerät in einen Flucht- oder Angriffszustand. Adrenalin aktiviert den Kreislauf, um schnell an die Energiereserven heranzukommen. Das Denken wird eingestellt, um das nackte Überleben zu sichern. Alles läuft nun nur noch über Reflexe.
Gerät ein Hund immer wieder oder sogar regelmäßig in Stress, werden ständig Stresshormone ausgeschüttet, wodurch es zu einem gestörten hormonellen Gleichgewicht kommt. Das hat weitere ungesunde Folgen, und der Körper schafft es nicht mehr, sich zu regenerieren.

STRESS VERRINGERT DIE TOLERANZGRENZE

Um mit Stress fertigzuwerden, schüttet der Körper sehr viel Cortisol aus. Die exzessive Ausschüttung dieses Stresshormons wiederum signalisiert ihm, dass er sich in großer Gefahr befindet. Gibt es keine »Entwarnung«, indem die Stresssituation verändert oder verlassen wird, können die Hormone nicht abgebaut werden, und die körperliche Anspannung bleibt erhalten. Und dadurch wird die Toleranzgrenze erheblich verringert (das ist übrigens bei allen gestressten Säugetieren so). Wenn – wie in unserem Fall – Hund und Mensch etwas lernen sollen, ist das natürlich schlecht.

STRESS VERSTÄRKT DIE INSTINKTE

Leider schüttelt man Stress nicht so leicht wieder ab. Die Adrenalinproduktion dauert sogar noch mindestens weitere 10, 15 Minuten an, selbst wenn der »Stressauslöser« schon vorbei ist. Tatsächlich kann es bis zu sechs Tagen dauern, bis das Adrenalin wieder ganz abgebaut ist. Was der Mensch verstehen muss (und was übrigens auch erklärt, warum manche Menschen so unglaublich zickig werden, wenn sie gerade Stress, also einen Adrenalin-Hochstand haben): Adrenalin verstärkt alle Instinkthandlungen. Je nach Anlage verstärken sich zum Beispiel Jagd- oder Wachtrieb des Hundes, ein unsicherer Hund kann panisch werden, ein pubertierender Hund »dreht hoch« auf Adrenalin. Erst wenn der Hund weniger Stress hat, der Adrenalinspiegel wieder gesunken ist und der Körper des Vierbeiners sich wieder im »Normalzustand« befindet, kann man auch wieder trainieren.

STRESS VERHINDERT LERNEN

Ein stark gestresster Hund muss daher erst einmal »heruntergefahren«, also in die Ruhe gebracht werden, bevor man überhaupt mit ihm trainieren kann. Denn wie beim Menschen entstehen beim Hund durch Stress sogenannte Lernhemmungen und Störungen in der Gedächtnisbildung, die den Lernprozess behindern. Das bedeutet: Ein Hund, der beim Training gestresst ist, lernt viel langsamer als ein Hund, der das Training lustig findet und entspannt ist.

ANZEICHEN DAFÜR, DASS DER HUND STRESS HAT

- Zittern
- Angespannte Muskulatur
- Unruhe
- Speicheln
- Erhöhte Reizbarkeit
- Starkes Hecheln
- Jammern, Winseln
- »Stress-Gesicht«: Die Ohren sind angelegt beziehungsweise zurückgezogen, dazu werden die Lefzen zurückgezogen und die Augen aufgerissen oder zusammengekniffen.
- Konzentrationsmangel
- Überreaktion auf ganz normale Ereignisse
- Starkes Hecheln
- Rute versteift
- Geduckte Körperhaltung
- Nicht-ansprechbar-Sein
- Verweigern von Keksen

WARUM ZIEHEN HUNDE ÜBERHAUPT AN DER LEINE?

Es gibt unterschiedliche Gründe dafür, dass ein Hund nicht höflich an der Leine gehen kann. Jeder Hund hat eine andere Motivation. Gerade bei erwachsenen Hunden, die das Ziehen bereits professionalisiert haben, gibt es verschiedene Ursachen, deren Lösung unterschiedlich lange dauern kann. Es ist also nicht ganz unbedeutend herauszufinden, warum der eigene Hund zieht – um dann dementsprechend eine Lösung für sein Verhalten zu finden.

- **Möglichkeit 1:** Ein Welpe hat bisher einfach nicht gelernt, wie man an der Leine geht.

Lösung: Baut man das Leinentraining von Anfang an richtig auf, geht es ziemlich schnell, ihn an die Leine als »Begrenzung« zu gewöhnen.

- **Möglichkeit 2:** Der Hund hat das Konzept des An-der-Leine-Gehens bisher einfach noch nicht verstanden.

Lösung: Man bringt es ihm bei.

- **Möglichkeit 3:** Der Hund hat das Ziehen an der Leine gelernt. In diesem Fall kann das Training etwas zäh werden und sich auch mal über Wochen und Monate hinziehen, bis der Hund entspannt an der Leine geht. Nicht selten bekamen die Hunde außerordentlich viel Aufmerksamkeit für ihr »schlechtes« Verhalten, wenn sie in die Leine gebissen haben, hochhopsten oder nervös waren.

Lösung: Mit diesen Hunden muss mit ausgesprochen guter Laune gearbeitet werden. Meistens wurde bei diesen Hunden auch viel an der Leine geruckt und gerupft, sodass sie angesichts der Leine oft eher misstrauisch sind. Ignorieren Sie jegliches Gezappel und gehen gut gelaunt mit Ihrem Vierbeiner voran.

- **Möglichkeit 4:** Manche Hunde haben Angst vor dem An-der-Leine-Gehen. Hier ist viel Feingefühl und Desensibilisierung vonnöten.

Lösung: Mit ihnen muss das Gehen an der Leine zuerst in ganz entspanntem Umfeld geübt werden (mehr dazu ab Seite 109).

- **Möglichkeit 5:** Andere Hunde sind ängstlich und handscheu und lassen sich gar nicht erst anleinen.

Lösung: Mit ihnen muss entspanntes An- und Ableinen geübt werden (siehe Seite 112 ff.).

- **Möglichkeit 6:** Hunde ziehen an der Leine, weil wir Menschen so langsam und langweilig sind – und das Ziehen und Zerren sie gewöhnlich dorthin bringt, wohin sie wollen. Denn der Mensch folgt gewöhnlich brav im (Irr-)Glauben, der Hund müsse nun mal schnüffeln.

Lösung: Wenn Ihr Hund in eine Richtung zerrt, weil er unbedingt an einen Laternenpfahl will, geben Sie ihm nicht nach. Sprechen Sie ihn an oder machen Sie das »Achtung!«-Geräusch, das Sie ihm beigebracht haben (siehe Seite 58), und gehen Sie ein paar Schritte in eine andere Richtung, sodass er Ihnen folgt. Sobald Sie wieder die volle Aufmerksamkeit Ihres Hundes haben, gehen Sie an dem Laternenpfahl vorbei.

- **Möglichkeit 7:** Häufig sind wir Menschen an der Leine auch schlecht gelaunt – weil der Hund so zieht. Aber weil wir so schlecht gelaunt sind, versucht der Hund, den größtmöglichen Abstand zu uns zu bekommen, wodurch er logischerweise wieder ziehen muss.

»Jeder Hund zieht aus einem anderen Grund an der Leine. Man muss also erst mal herausfinden, was ihn motiviert, um das Problem zu lösen.«

Lösung: Sorgen Sie dafür, dass Sie nicht der- oder diejenige sind, von der Ihr Hund Abstand gewinnen möchte. Wenn Sie von Ihrem Hund Selbstbeherrschung verlangen, darf er das auch von Ihnen erwarten. Ohne eine gute Beziehung werden Sie Ihren Hund nicht nachhaltig erziehen können.

- **Möglichkeit 8:** Viele Hunde haben gelernt, dass sie an der Leine zurückgerissen werden oder ein massiver Leinenruck ausgeübt wird, was nicht nur sehr unangenehm und ungesund ist, sondern oft sogar wehtut oder die Hunde erschreckt. Dadurch bekommen sie großen Stress, sobald sie angeleint werden – und ziehen erst recht an der Leine.

Lösung: Zerren und rucken Sie niemals, ich wiederhole, niemals an der Leine. Ihr Hund kann nicht lernen, entspannt und höflich an der Leine zu gehen, wenn Sie sie als Mittel zur Bestrafung einsetzen. Druck erzeugt Gegendruck, sonst nichts.

Manche Hunde verhalten sich engelsgleich an der Leine – bis sie einen anderen Hund sehen. Dann verwandeln sie sich in Teufelsbraten.

- **Möglichkeit 9:** Andere Hunde wiederum haben erfahren, dass angeleint werden Action und Abenteuer bedeuten: Sie werden sehr aufgeregt und »fahren sich hoch«, weshalb sie gar nicht mehr in der Lage sind, auf den Menschen am anderen Ende der Leine zu achten.

Lösung: Üben Sie erst einmal Ruhe an der Leine. Leinen Sie Ihren Hund an, aber bleiben Sie mit ihm im Haus, gehen Sie mit ihm zum Sofa und kraulen Sie ihn dort ausgiebig. Gehen Sie mit ihm an der Leine ins Treppenhaus, dann einmal die Treppen hinauf und hinunter und wieder zurück in die Wohnung. Gehen Sie mit Ihrem Hund an der Leine auf die Straße und bleiben am nächsten Laternenpfahl stehen. Lassen Sie ihn schnüffeln und einmal das Bein heben, dann stehen Sie drei Minuten herum und betrachten ruhig atmend den Himmel. Ignorieren Sie es, falls Ihr Hund Theater macht oder an der Leine herumhopst. Am nächsten Tag gehen Sie wieder mit ihm vor die Tür, knien sich an den Wegrand, fummeln zwischen den Gräsern oder Kieseln herum und legen unbemerkt den einen oder anderen sehr kleinen Keks dazwischen. Rufen Sie Ihren Hund nicht: Ziel ist es, dass er sich von sich aus dafür interessiert, was Sie machen. Und dann gehen Sie wieder ins Haus. Ziel der ganzen kleinen Übungen ist, dass Ihr Hund lernt, dass die Leine nicht jedes Mal ein Riesenspektakel bedeutet, sondern einfach zum Leben dazugehört.

- **Möglichkeit 10:** Der Hund verfällt an der Leine sofort in Anspannung und erwartet, Kommandos ausführen zu dürfen/müssen. Solange er etwas zu tun hat, läuft er aufmerksam neben uns und sieht uns andauernd an, er kann aber nicht entspannt an lockerer Leine spazieren gehen.
Lösung: Diese Hunde haben meistens zu viel auf dem Hundeplatz trainiert und bisher nicht gelernt, dass sie auch an der Leine die Freiheit haben, entspannt und ganz in Ruhe spazieren gehen zu dürfen. Mit diesen Hunden muss man trödeln und sehr viel Ruhe in den Spaziergang bringen, damit sie aus dem »Arbeitsmodus« herausfinden – der niemals entspannt sein kann.
- **Möglichkeit 11:** Auch Hunde, die sehr ängstlich oder unsicher sind, ziehen gewöhnlich aus lauter Stress an der Leine, weil sie möglichst schnell aus der verunsichernden Situation heraus – also weg – wollen.
Lösung: Mit diesen Hunden üben Sie zuerst immer und immer wieder in dem gleichen, ruhigen Umfeld – ohne Überraschungen. Am besten im Garten oder im Hinterhof, wo keine unheimlichen Ablenkungen wie fremde Kinder, fremde Männer oder fremde Hunde vorbeikommen. Bei ängstlichen und verunsicherten Hunden müssen Sie zuerst an Ruhe und Vertrauen arbeiten, bevor Sie sich dem Leinentraining zuwenden.

»Wenn ein Hund gestresst ist, verstärken sich seine Instinkte, und die Hoffnung, dass er etwas lernt, kann man erst mal begraben. Das ist bei uns Zweibeinern doch genauso.«

- **Möglichkeit 12:** Viele Hunde gehen eigentlich gut an der Leine – außer, sie sehen plötzlich von Weitem einen anderen Hund. Dann gebärden sie sich wie wilde Tiere und »schießen« in die Leine, sodass der Mensch am anderen Ende tatsächlich in Gefahr gerät, die Schulter ausgekugelt zu bekommen oder umgerissen zu werden. Ohne Leine wiederum benehmen sie sich sehr sozial und problemlos.
Lösung: Bei diesen Hunden muss an der Frustrationstoleranz gearbeitet werden. Häufig fühlen sie sich an der Leine gewissermaßen »ausgeliefert« und schutzlos, weil sie schlicht nicht gelernt haben, ruhig und gelassen an anderen Hunden vorbeizugehen. So ein Hund hat eigentlich keine Probleme mit anderen Hunden, er ist nur frustriert, dass er an der Leine nicht zu ihnen hinlaufen kann – und daraus hat sich eine Frustrationsaggression entwickelt (siehe Seite 138 f.).

DIE GRUNDLAGEN: DAS EQUIPMENT

Fürs Leinentraining braucht man keine Wahnsinnsausrüstung, und bis auf die spezielle Leine haben Sie vermutlich alles schon lang zu Hause. Also: Los geht's.

Um einem Hund beizubringen, höflich an der Leine zu gehen, braucht man lediglich sechs Dinge: …

- die richtige innere Haltung,
- viele Belohnungskekse,
- einen Hund,
- eine entspannte Person,
- eine Drei-Meter-Leine mit Handschlaufe ohne Beschläge, Ringe oder Nieten,
- ein Geschirr oder ein breites, weiches Halsband.

IHRE HALTUNG

Equipment wie Leine, Geschirr oder Halsband sind wichtig, aber fast noch wichtiger ist Ihre Haltung: Sie müssen mit der Leine in der Hand buchstäblich die Führung übernehmen. Das heißt, Sie müssen Ihrem Hund souverän und klar die Richtung weisen, eine klare Vorstellung von Ihrem Ziel haben. Bevor Sie etwas von Ihrem Hund verlangen, müssen Sie genau wissen, was Sie von ihm wollen – und nicht einfach willkürlich irgendetwas sagen oder sogar versehentlich zwei oder drei Kommandos gleichzeitig geben (»Komm mal hierher! Ko-homm! Schau mal, da drüben ist ja Luna! Lauf mal hin, na los! Lauf!«).

Wenn Sie nicht souverän sind, kann Ihr Hund es auch nicht sein: Sie sind sein Vorbild. Wenn Sie sich nicht fürchten, ist es leicht für Ihren Hund, seinerseits keine Angst zu haben. Wenn Sie Ruhe bewahren, kann er es auch. Hunde beobachten uns sehr genau – sie haben ja sonst auch nicht viel zu tun. Sie lernen aus unseren Reaktionen.

Solange Sie nicht wirklich davon überzeugt sind, dass Ziehen an der Leine ein absolutes No-Go ist, brauchen Sie mit der Erziehung nicht anfangen: Hunde sind Gedankenleser, und Ihr Hund wird Ihre Ambivalenz sofort erkennen. Er wird munter so weitermachen wie bisher, weil er genau spürt, dass Sie nicht wirklich hinter Ihren Erziehungsmaßnahmen stehen.

ZIELE SETZEN

An jedem Tag, an dem Sie irgendetwas mit Ihrem Hund unternehmen, müssen Sie sich ein Ziel setzen. Und wenn Sie ein Kommando oder ein wünschenswertes Verhalten mit ihm üben, brauchen Sie es erst recht: das deutliche Ziel. »Ich möchte, dass er nicht mehr so stark an der Leine zieht«, ist beispielsweise kein deutliches Ziel, dem der Hund folgen kann. Entweder ganz oder gar nicht. Ihr Hund muss lernen, perfekt an der Leine zu gehen, sonst wird es nichts (das Nicht-Perfekte stellt sich von ganz alleine ein, das müssen Sie sich nicht zum Ziel machen).
Wenn es Ihnen schwerfällt, sich selbst davon zu überzeugen, stellen Sie sich vor, Sie hielten ein Kleinkind an der freien Hand oder müssten am Rollator laufen: Ziehen wäre dann einfach nicht erlaubt. Sie führen, nicht umgekehrt. Sie sind derjenige, der weiß, wo's langgeht. Nicht umgekehrt. Bleiben Sie bei alledem entspannt. Sie haben alle Zeit der Welt, Ihrem Hund das höfliche Gehen an der Leine beizubringen. Niemand sitzt Ihnen im Nacken. Es gibt keine Frist, in der das klappen muss. Freuen Sie sich über jeden Spaziergang, jeden kurzen Gang zum Briefkasten oder Bäcker, und sehen Sie es als fabelhafte Möglichkeit, ein bisschen zusammen üben zu können.

Allerdings muss auch gesagt sein: Wenn der Hund schon über einen langen Zeitraum gelernt hat, an der Leine Spannung aufzubauen, dauert es eine Weile, ihm zu vermitteln, dass das nicht notwendig ist. Ihre tiefenentspannte Haltung allein reicht in diesen Fällen nicht aus – auch wenn sie ein sehr guter Anfang ist –, denn der Hund hat die Verknüpfung Leine–Hochspannung ja schon längst gemacht: Man muss ihm also parallel ein neues Verhalten beibringen.

Der Vorteil von Keksbelohnungen ist, dass beinahe jeder Hund dafür empfänglich ist und man sie leicht in der Hosentasche unterbringt.

DIE SACHE MIT DEN KEKSEN

Nein, Sie müssen nicht bis ans Ende Ihrer Tage mit Keksen in der Hand herumlaufen. Die Belohnungskekse sind nichts weiter als ein Anreiz am Anfang, eine Motivation – so ähnlich, wie Sie einem Kind versprechen würden, mit ihm zusammen Lego zu bauen, wenn es eine besonders mühsame Hausaufgabe gut macht oder hilft, das Auto zu waschen: Dafür gibt es auch eine Belohnung.

Und ja, natürlich möchten wir, dass unser Hund »uns zuliebe« gehorsam ist. Aber Gehorsam oder »uns zuliebe« bedeutet Hunden nichts. Gehorsam kommt in ihrer Welt nicht vor, und deshalb müssen sie lernen, dass in unserer menschlichen Welt bestimmte Regeln gelten. Und die müssen wir ihnen buchstäblich »schmackhaft« machen.

Aber so, wie man einem 19-Jährigen keine Belohnung mehr in Aussicht stellt, nur weil er mal eben die Spülmaschine ausräumt, müssen Sie die Kekse auch bei Ihrem Hund wieder ausschleichen. Das bedeutet, dass Sie, sobald die Übung klappt, den Hund zwar immer mal noch für ein erwünschtes Verhalten belohnen, aber dies eben nicht jedes Mal tun.

Das langsame Ausschleichen der Belohnungen ist ein sehr wichtiger Schritt, der leider häufig übersehen wird. Die meisten Leute belohnen ihren Hund monatelang für jeden hübschen Augenaufschlag – und stellen dann von einem Tag auf den anderen die Belohnungen ein. Das Ergebnis: Viele Hunde gehorchen nur, wenn man Kekse in der Tasche hat.

Mit dem Ausschleichen kann man anfangen, sobald der Hund eine Aufgabe, um die er gebeten wurde, zu etwa 80 Prozent ausführt. Ab da können Sie anfangen, ihm nur jedes zweite Mal einen Keks zur Belohnung zu geben. Loben Sie ihn aber weiter jedes Mal und kraulen Sie ihn an einer angenehmen Stelle – oberhalb der Schwanzwurzel oder an der Brust (nicht am Kopf, Kopfgestreichel mögen die meisten Hunde in der Öffentlichkeit nicht, nur in der Intimsphäre des Zuhauses). Ziel ist, dass Ihr Hund sich richtig gut fühlt, wenn er etwas ausgeführt hat, das Sie von ihm verlangt haben.

»Ziel ist, den Hund so zu konditionieren, dass er sich gut fühlt, wenn er Ihrer Anweisung gefolgt ist – ohne dass Ihre Taschen für die nächsten 15 Jahre nach Trockenfisch oder Käse riechen.«

Ausnahme: Wenn Sie unter starker Ablenkung üben, unter Stress oder sich in einer völlig neuen Umgebung bewegen, bekommt der Hund wieder jedes Mal eine Belohnung für das ausgeführte Kommando. Ist die Übung jedoch leicht und findet sie unter »normalen Umständen« statt, gibt es »nur« Lob und Pokraulen.

Pokraulen ist auf jeden Fall eine super Sache als Anerkennung für vollbrachte Heldentaten.

Wenn Sie relativ früh damit anfangen, die Keksbelohnungen auszuschleichen, sobald Ihrem Hund eine Übung leichtfällt, werden Sie merken, dass Sie große Fortschritte machen können. Aber bitte nicht vergessen: Sobald es kompliziert wird, übergangsweise wieder das volle Belohnungsprogramm einsetzen.

DIE LEINE

Für Leinentraining brauchen Sie eine Drei-Meter-Leine mit Handschlaufe. Drei Meter deshalb, weil sie dann genügend Freiraum bietet, wenn Sie beim Training die Richtung wechseln und Ihr Hund erst einmal überlegen muss, worum es eigentlich geht. Mit einer längeren Leine kann er lernen, Ihnen zu folgen, ohne dass ein unangenehmer Zug entsteht.
Es ist übrigens nicht so, dass Hunde ziehen, weil sie die Länge einer Leine nicht abschätzen können: Der Hund soll lernen zu reagieren, sobald er den geringsten Zug an Halsband oder Brustgeschirr spürt – völlig unabhängig davon, wie lang die Leine ist. Wenn Sie im Wald spazieren gehen, darf die Leine deutlich länger sein als in der Stadt, wo andere Passanten schnell mal über eine zu lange Leine stolpern könnten. Ziehen darf der Hund trotzdem nicht.
Die Leine sollte nicht verstellbar sein und keine Beschläge oder Ringe haben, damit Sie beziehungsweise Ihr Hund nicht an irgendetwas hängen bleiben. Außerdem sollte sie breit genug sein, damit sie nicht reißt, wenn Ihr Hund doch einmal zieht. Gleichzeitig muss sie aber schmal und weich genug sein, damit sie angenehm in der Hand liegt und Sie sie in der Hand falten können, wenn Sie Ihrem Hund zwischendurch einmal einen kürzeren Spielraum geben möchten.
Der Karabiner und die Breite der Leine müssen Ihrem Hund angepasst werden – je nachdem, wie alt, wie groß oder wie klein er ist. Sehr gut geeignet sind Drei-Meter-Leinen aus Fettleder, die es in unterschiedlichen Breiten gibt. Sie sind leicht und lassen sich abwischen, falls sie durch nasse Wiesen, Matsch oder Pfützen schleifen.

GESCHIRR ODER HALSBAND?

Das Thema »Halsband oder Geschirr?« ist unter Hundehaltern mittlerweile zur Gretchenfrage geworden. Was ist besser?
Grundsätzlich ist jedes Equipment nur so gut wie derjenige, der es einsetzt: Schaden kann man seinem Hund mit praktisch allem, wenn man unbeherrscht genug damit umgeht. Wenn es um das geeignete Equipment für die Erziehung Ihres Hundes geht, dürfen ästhetische Vorlieben und

Selbst bei dem zarten Windspiel Harry liegt das Halsband drei Finger unter dem Kehlkopf.

Ideologien allerdings keine Rolle spielen. Stattdessen sollte man sich mit den physiotherapeutischen Fakten befassen.
Es gibt viele Gründe, weshalb ein Hund kein Halsband anziehen sollte oder darf – und genauso viele Gründe, wieso ein Hund kein Brustgeschirr tragen kann. Bei manchen Hunden hat man gar keine andere Wahl, als ihnen ein Geschirr anzulegen. Unsichere Hunde aus dem Tierschutz etwa, die noch nie in ihrem Leben überhaupt angeleint oder in Begleitung eines Menschen spazieren gegangen sind, Hunde mit Angst und Verhaltensproblemen oder Hunde mit schwerwiegenden Aggressionen: Sie alle müssen mit einem Geschirr und möglichst zwei Leinen gesichert werden. Welpen und Junghunde, die erst lernen müssen, wie man höflich an der Leine geht, die in alle Richtungen hopsen, weil sie noch nicht verstanden haben, dass das an der Leine nicht erlaubt ist, tragen ebenfalls besser ein Geschirr. Hunde dagegen, die ständig baden, sollten lieber ein Halsband tragen, weil sie sich mit dem Geschirr verfangen könnten.

HALSBAND

Grundsätzlich haben Hunde eine extrem bewegliche Halswirbelsäule mit einer viel kräftigeren und deutlich massiveren Muskulatur als zum Beispiel der Mensch. Ihre Halswirbelsäule ist tief in diese Muskulatur und das Nackenband eingebettet. Aufgrund dieser Anatomie können Hunde Zug sehr viel besser vertragen als wir. Nur bei sehr kleinen Rassen wie zum Beispiel Yorkshire Terriern, Chihuahuas, Prager Rattlern oder Maltesern ist die ganze Sache deutlich filigraner, weshalb bei diesen Hunden ein Geschirr sinnvoller ist.

»Halsband wie auch Geschirr sind beide sinnvolle Werkzeuge. Beide müssen aber richtig sitzen.«

Als Hauptargument gegen das Halsband wird häufig angeführt, dass durch starken Zug, einen starken Ruck oder einem Sprung ins Halsband der Kehlkopf beziehungsweise die Luftröhre beschädigt werden könnten. Bei einem korrekt sitzenden Halsband ist das allerdings nicht möglich. Den Kehlkopf des Hundes können Sie leicht ertasten: Anders als der Adamsapfel beim Menschen, sitzt er an der Stelle, an der der Kopf in den Hals übergeht. Die Luftröhre (Trachea) schließt sich unmittelbar daran an – als Verbindung vom Kehlkopf zum Bronchialsystem.

Ein breites, richtig und locker angelegtes Halsband liegt also ein ganzes Stück unterhalb des Kehlkopfs auf einer kräftigen Muskulatur und übt so keinen Druck auf den Kehlkopf aus – auch nicht, wenn der Hund nach vorne zieht. Tatsächlich kann die empfindliche Struktur nur durch rohe Gewalt, einen vertikalen Zug nach oben oder ruckartiges Ziehen an der Leine, während der Hund den Kopf gesenkt hat, gefährdet werden. Bloßes Ziehen an der Leine beschädigt ihn nicht, mal ganz abgesehen davon, dass die starke Halsmuskulatur durchaus in der Lage ist, einen zu starken Zug zu kompensieren.
Der Kehlkopf kann nur dann geschädigt werden, wenn »mithilfe« sehr dünner Halsbänder, Würge- und Kettenhalsbänder ein grober Zug nach oben Richtung Kopf ausgeübt wird. Dasselbe gilt für das »Cesar-Millan-Halsband«, dessen oberer Riemen tatsächlich direkt auf der Kopf-Hals-Grenze liegt.

Das richtige Halsband

Bei der Auswahl eines Halsbandes sollten Sie auf folgende Dinge achten:

- Es sollte möglichst breit und weich gepolstert sein, damit sich der Druck besser auf die Halsmuskulatur verteilt.
- Der Verschluss darf nicht auf den Hals drücken, sobald die Leine am D-Ring befestigt ist, sondern muss ebenfalls im Nacken liegen.
- Es sollte aus anschmiegsamem, aber stabilem Material gefertigt sein.
- Es sollte im mittleren Halsbereich aufliegen.
- Hunde mit Problemen an der Halswirbelsäule sollten kein Halsband, sondern lieber ein Geschirr tragen.

TIPP: EQUIPMENT WECHSELN

Wenn Ihr Hund bisher an einem Halsband gezogen hat, trainieren Sie ab jetzt mit einem Geschirr. Wenn er bisher an einem Geschirr geführt wurde, bekommt er jetzt ein Halsband. Nicht, weil Sie damit das Erziehungsproblem bereits lösen, sondern weil Sie mit dem veränderten Hilfsmittel den Hund aus seinem bisherigen »Zug-Ritual« herausholen. Denn ein neues Werkzeug verändert automatisch das Körpergefühl des Hundes.

Zugstopp-Halsbänder sind praktisch, weil sie locker sitzen, ohne beim Zuziehen zu würgen.

Wenn der Junghund gelernt hat, auf den Menschen zu achten, kann er ohne Weiteres Halsband tragen.

GESCHIRR

Das A und O beim Geschirr ist, dass es richtig sitzt. Andernfalls sind alle Vorteile gegenüber einem Halsband hinfällig. Tatsächlich aber sitzen ungefähr 85 Prozent aller Geschirre, die man an Hunden sieht, nicht optimal. Dabei ist es aus physiotherapeutischer Sicht überaus wichtig, das Brustgeschirr sorgfältig auszuwählen, damit es die Atmung, den Bewegungsablauf und die Wirbelsäule nicht nachhaltig schädigt. Ein Geschirr, das nicht gut sitzt, kann nämlich zu massiven und sehr unangenehmen Belastungen am Bewegungsapparat führen.
Die Geschirre, die man zu sehen bekommt, sind sehr oft zu eng – zum Beispiel weil sie beim wachsenden Welpen nicht rechtzeitig gegen ein größeres ausgetauscht wurden oder der Hund zugenommen hat. Ist das Geschirr jedoch zu knapp, kann sich der Brustkorb des Hundes nicht weiten, wenn er rennt und spielt. Dadurch bekommt er Atemprobleme, sobald er schnell oder tief atmen muss, und das wiederum hat massive Verspannungen zur Folge. Wenn der Klickverschluss des Geschirrs direkt am Ellbogen des Hundes sitzt, besteht die Gefahr, dass der Hund sich einen Bewegungsfehler angewöhnt, weil er beim Laufen versucht, dem Verschluss auszuweichen.

Das richtige Geschirr

Bei der Auswahl eines Geschirrs sollten Sie folgende Punkte beachten:

- Alle Riemen sollten breit und weich gepolstert sein und sich in der Länge verstellen lassen.
- Die Auflagefläche am Brustbein sollte möglichst groß sein, damit das Geschirr nicht verrutschen kann, wenn seitlicher Zug ausgeübt wird.
- Alle Ringe, Schnallen und Verschlüsse sollten unterpolstert sein.
- Schultergelenke und Schulterblätter sollten frei beweglich bleiben und durch keinen Gurt eingeschränkt werden.
- Das Geschirr darf nicht nahe der Achselgegend liegen, damit keine Scheuerstellen entstehen.
- Hunde, die Verletzungen oder OPs im Brustbereich, im Bereich des Thorax oder der Brustwirbelsäule hatten, sollten kein Geschirr tragen.

Was Wissenschaftler herausgefunden haben
Für die »Jenaer Studie zur Fortbewegung von Hunden« haben Dr. Martin S. Fischer und Karin E. Lilje von 2006 bis 2010 die Bewegungsschemata von über 300 verschiedenen Hunden ausgewertet und bahnbrechende neue Erkenntnisse gewonnen, die auch den Einsatz von Hundegeschirren völlig neu bewerten.

»Ob ein Hund besser ein Halsband oder ein Geschirr trägt, hängt von verschiedenen Faktoren ab. Keines davon ist von sich aus schon ein Garant fürs Gut-an-der-Leine-Laufen. Aber an beiden kann der Hund lernen, höflich neben Ihnen herzulaufen.«

In den Videographien ist eine Gemeinsamkeit deutlich zu erkennen: Das Schulterblatt des Hundes leistet fast 60 Prozent des Beitrags zur Vorwärtsbewegung. Das macht deutlich, wie wichtig es ist, dass die Schulterpartie in ihrer natürlichen Bewegung nicht beeinträchtigt wird, beispielsweise durch ein Geschirr mit einem Steg quer über die Brust. Das kann nicht nur zu Frust (und daraus resultierendem Aggressionsverhalten) führen, sondern vor allem zu erheblichen Problemen im Bewegungsapparat. Eine weitere wichtige Erkenntnis der Jenaer Studie ist, dass »der Brustkorb des Hundes viel beweglicher und fragiler als der menschliche ist«. Im Gegensatz zum menschlichen Brustkorb ist der des Hundes nämlich nicht starr, sondern gibt federnd nach, wenn von vorne Druck auf das Brustbein ausgeübt wird. Das bedeutet, dass durch starken Zug Verletzungen am Bewegungsapparat entstehen können.

UNTERSCHIEDLICHE GESCHIRRE

Das eine perfekte Geschirr, das allen Hunde passt, gibt es nicht – dafür haben unsere Hunde heute viel zu viele unterschiedliche Körperformen. Man muss das passende Geschirr daher sehr sorgfältig aussuchen und die jeweiligen Nachteile von vornherein genauso beachten wie die Vorteile.

Y-GESCHIRR

Dieses Geschirr bildet auf dem Rücken wie auch auf der Brust ein Y. Die Schlaufen, die um Hals und Brustkorb laufen, treffen sich jeweils auf dem Rückensteg, an dem auch je ein Ring für das Einhaken der Leine befestigt ist.

Vorteile:

- Die Schulterblätter behalten ihre Bewegungsfreiheit.
- Das Geschirr liegt vorne auf dem Brustbein auf und beeinträchtigt nicht die Luftröhre.
- Durch die verkreuzte Konstruktion ist ein »Entkommen« aus dem Geschirr praktisch unmöglich.

Nachteile:

- Die Schulterstege können nicht oder nur sehr beschränkt eingestellt werden.
- Bei Hunden mit schmalem Brustkorb rutscht der Bauchsteg auf eine Seite neben das Brustbein. Allerdings gibt es mittlerweile auch für Windhunde Y-Geschirre – und die passen auch anderen Hunden mit einem schmalen Brustkorb.
- Je nachdem, wie das Geschirr sitzt, kann sich der Mittelsteg am Bauch verschieben, rutscht dann neben das Brustbein und liegt dadurch auf der Brustmuskulatur. Sobald etwas Zug entsteht, ergibt sich für den Hund ein unangenehmer Druck unter den Achseln, der das Gangbild negativ beeinflusst.
- Ist es aus dem falschen Material, kann das Y-Geschirr stark scheuern, was zu kahlen Stellen führen kann.

H-GESCHIRR

Dieses Modell ist wahrscheinlich das am meisten verbreitete Führgeschirr für Hunde; geöffnet bildet es den Buchstaben H. Es besteht aus einem Rückensteg, an dem zwei Schlaufen befestigt sind (eine führt um den Hals, eine um den Brustkorb), und einem Gurt, der die beiden Schlaufen zwischen den Vorderbeinen miteinander verbindet.

Vorteile:

• Der Hund hat absolute Bewegungsfreiheit. Die Schulterblätter können frei drehen.

• Die meisten Modelle haben vorne einen Ring. Der Hund kann zum Training der Leinenführigkeit somit auch vorne angeleint werden, was das Ziehen erschwert.

Nachteile:

• Der Halsgurt muss unbedingt gut sitzen und darf nicht würgen respektive die Luftröhre beeinträchtigen.

• Um richtig zu sitzen, muss das Führgeschirr ideal eingestellt sein. Aufgrund der vielen Verstellmöglichkeiten gelingt dies meistens gut, wenn allerdings der Rückensteg zu kurz ist, hilft alles nichts.

• Wenn das Gurtband nicht breit genug ist, kann der Gurt bei Belastung schmerzhaft auf den Kehlkopf oder das Brustbein drücken und so zu Verletzungen führen.

Wichtig: Die meisten H-Modelle haben vorne einen Ring. Dieser Ring darf nicht zu einem Druckpunkt am Hundekörper werden. Hunde, die noch stark ziehen, sollten dieses Geschirr daher nicht permanent tragen, oder aber man leint sie vorne an – als Trainings-/Erziehungsgeschirr.

X-GESCHIRR

Diese Geschirre überkreuzen sich auf dem Rücken – und meist auch am Bauch –, bilden also unten und oben ein X, sodass kein Rückensteg vorhanden ist. Durch diese Konstruktion liegen sie meist mehr oder weniger direkt auf den Schulterblättern auf und eng an der Achsel des Hundes. Die Schlaufen um Hals und Brustkorb treffen sich in einem Punkt, an dem auch der Ring zum Einhaken der Leine angebracht ist.

Vorteile:

- Durch die Überkreuzung der Züge bekommt das Geschirr mehr Stabilität.
- Es eignet sich auch für Hunde mit schmalem Brustkorb, bei denen ein Y-Geschirr sehr schnell verrutscht.

Nachteil:

- Weil der Brustriemen direkt über dem Brustkorb verläuft, kann es für einen Hund, der viel rennt und tobt, problematisch werden, wenn die Rippen sich bei schneller Atmung weiten, weil er nicht so tief Luft holen kann.

NORWEGERGESCHIRR

Es besteht aus einem waagerechten Brustgurt, der auf beiden Seiten mit dem Rumpfgurt befestigt ist, der wiederum hinter den Vorderbeinen einmal um den Brustkorb führt.
Meistens befindet sich bei diesem Modell auf der Rückenseite noch eine Schlaufe, an der man den Vierbeiner festhalten kann.

Vorteile:

- Positiv ist, dass das Geschirr einfach und schnell an- und ausgezogen werden kann: Man zieht es über den Kopf und schließt den Brustgurt, fertig.
- Da es keinen Gurt zwischen den Vorderbeinen hat, ist es auch für empfindliche Hunde gut geeignet, die sich sonst schnell eingeengt fühlen.
- Bei frischen Operationsnarben eine gute Alternative zum normalen Geschirr.

Nachteile:

- Der Quergurt ist für den Hund unbequem und hinderlich, denn die physiologische Bewegung der vorderen Extremitäten wird gehemmt.
- Norwegergeschirre sitzen häufig schlecht und verrutschen dadurch. Um das zu verhindern, werden sie häufig sehr eng eingestellt, was neben einer eingeschränkten Atmung noch andere negative Folgen haben kann. Kommt beispielsweise Zug auf das Geschirr, drückt die Geschirrkante auf dem Rücken auf die Dornfortsätze der Wirbelsäule (und zwar immer wieder auf die gleichen). Das kann zu bohrenden Druckstellen und Verspannungen führen, was für den Hund sehr schmerzhaft ist.
- Norwegergeschirre sind nicht für ängstliche oder zappelige Hunde geeignet, weil die sich relativ einfach aus dem Geschirr herauswinden könnten. Erhöhte Ausbüxgefahr!

SATTELGESCHIRR

Im Aufbau ähnelt diese Modell dem Norwegergeschirr (siehe Seite 48), allerdings hat es auf den Schultern eine breitere Rückenplatte.

Vorteile:

- Einfaches Anziehen.
- Meistens sehr robust, weil es auch für Wanderungen, das Hochheben des Hundes oder sportliche Aktivitäten konzipiert wurde.

Nachteile:

- Wie beim Norwegergeschirr ist der Quergurt für den Hund unbequem und hinderlich, weil er die physiologische Bewegung der vorderen Extremitäten hemmt.
- Unter dem Sattel können sich Wärme oder Nässe stauen.
- Durch die »einfache« Form gibt es zu wenig Einstellungsmöglichkeiten, sodass es nicht für jede Hundefigur passt.
- Wenn der Brustgurt direkt auf den Schulterblättern oder der Bauchgurt zu weit vorne sitzt, ist das Geschirr für den Hund unbequem.
- Wegen des geringen Körperkontakts rutscht das Geschirr leicht, wenn es nicht perfekt sitzt.
- Wie beim Norwegergeschirr kann die Geschirrkante empfindlich auf die Wirbelsäule drücken und dadurch Schmerzen verursachen.
- Es ist, wie beim Norweger, verhältnismäßig einfach für den Hund, sich aus dem Geschirr herauszuwinden.

STEP-IN-GESCHIRR

Ein Step-in-Geschirr hat zwei Öffnungen, die es Ihnen ermöglichen, Ihrem Hund das Geschirr anzulegen, ohne es ihm dabei über den Kopf ziehen zu müssen. Das Geschirr wird auf den Boden gelegt, und der Hund steigt mit den Vorderbeinen in die zwei Schlaufen. Anschließend wird das Geschirr hochgezogen und am Rücken mit den Klickverschlüssen befestigt.

Vorteil:

• Es ist leicht anzulegen: Der Hund steigt mit den Vorderbeinen ein, danach wird es im Brustbereich geschlossen.

Nachteile:

• Aufgrund seiner Konstruktion sitzt dieses Geschirr nie wirklich gut, sondern verrutscht bei Bewegung grundsätzlich.

• Die Riemen liegen eng unter den Achseln an und sorgen in diesem empfindlichen Bereich für Scheuerstellen.

• Weil es sehr weich ist, ist es für den Hund sehr leicht, sich aus dem Geschirr zu befreien.

GESCHIRRE FÜR BESONDERE BEDÜRFNISSE

Das Sicherheitsgeschirr
Für Hunde, die Gefahr laufen, sich aus Angst, aufgrund ihres überschäumenden Temperaments, wegen ihrer Aggression oder infolge eines massiven Jagdtriebs aus anderen Geschirren herauszuwinden, eignet sich das sogenannte Sicherheitsgeschirr. An seinem verlängerten Rückenstück ist zusätzlich ein dritter Gurt angebracht, der hinter dem Brustkorb geschlossen wird. Weil die Taille schmaler ist als der Brustkorb, kann der Hund nicht herausschlüpfen.

Rassespezifische Geschirre
Manche Geschirre werden aufgrund der »Problemfigur« bestimmter Rassen deren besonderen Bedürfnisse angepasst. Mops-Geschirre besitzen zum Beispiel ein besonders kurzes Rückenstück, Chow-Chow-Geschirre sind speziell für die breite Brust dieser Hunde konzipiert, und Windhund-Geschirre sind an die besonders schmale Taille dieser Vierbeiner angepasst.

DAS LEINEN-TRAINING

Auf die Plätze, fertig, los!

GANZ ENTSPANNT LERNEN

Wenn Ihr Hund höflich an der Leine gehen kann, ist es für Sie leichter, eine wundervolle Beziehung zu ihm aufzubauen. Sie können ihn leichter mitnehmen und freuen sich auf die Spaziergänge mit ihm – die Sie dementsprechend häufiger unternehmen. Kurzum: Der Umgang mit dem Hund wird um einiges einfacher.

Wichtig hierfür ist, dass Sie immer gut gelaunt bleiben. Ungeduld und Genervtheit helfen niemandem weiter: Betrachten Sie das Training und die Erziehung Ihres Hundes als Spiel, als interessantes Problem, dessen Lösung Sie sich erarbeiten wollen. Erinnern Sie sich immer daran, dass Ihr Hund nichts dafür kann: Er zieht nicht mit Absicht an der Leine und auch nicht, um Sie zu piesacken. Er weiß es einfach nicht besser – bisher.

SORGEN SIE FÜR EINE POSITIVE ATMOSPHÄRE

Ein gutes Lernklima ist nicht nur für Menschenkinder wichtig: Auch Ihr Hund kann besser lernen, wenn Sie ein Umfeld schaffen, in dem gut gelernt werden kann.

Bevor Sie losmarschieren, fassen Sie einen Plan. Und zwar deshalb, weil Ihnen ein Plan Sicherheit und Souveränität verleiht: Hunde lieben es, jemandem zu folgen, der einen Plan hat – egal ob es ein Mensch oder ein anderer Hund ist.

Überlegen Sie sich also genau, wo Sie entlanggehen wollen, wie lange Sie üben wollen und ab welchem Punkt sie aufhören wollen. Setzen Sie sich kein zu hohes Ziel: Anfangs sind 20, 30 Meter genug (inklusive Rückweg macht das schon 40 beziehungsweise 60 Meter, die Sie und Ihr Hund ganz konzentriert zurücklegen müssen). Je besser es klappt, desto länger kann Ihr Spaziergang an der Leine werden.

Beginnen Sie das Leinentraining in einem kleineren Rahmen, damit Sie sicher sein können, dass Ihr Hund nicht zu abgelenkt wird – nein, der Park mit vielen anderen Hunden, Joggern, Fahrradfahrern und spielenden Kindern ist erst einmal nicht der richtige Ort. Besser wären Ihr Garten, ein Wald- oder Feldweg oder eine ruhige, kleine Nebengasse. Ihr Hund soll sich schließlich daran gewöhnen, wie man an der Leine folgt und wie sich das anfühlt. Und dafür muss er die Gelegenheit haben, sich voll und ganz auf Sie konzentrieren zu können – ohne andere Ablenkungen. Wenn Sie ihn zu früh großen Ablenkungen aussetzen, können Sie das Leinentraining nicht richtig aufbauen.

»Setzen Sie sich selbst und Ihren Hund nicht unter Druck. Bleiben Sie entspannt und gut gelaunt. Betrachten Sie das Üben als spielerische Aufgabe, etwa so wie ein Kreuzworträtsel.«

Wichtig ist, dass Sie in der gewählten Umgebung sicher sein können, möglichst bald erste Erfolge zu haben. Damit Sie genauso motiviert bleiben wie Ihr Hund. Halten Sie die Übungen kurz genug, damit sie Ihrem Hund Spaß machen und ihn nicht ermüden – er soll ja morgen wieder mit Hurra dabei sein.

VORAUSSETZUNGEN FÜR ENTSPANNTES LERNEN

- ein angenehmes Umfeld ohne viel Ablenkung
- eine entspannte Atmosphäre (und ja, das heißt, auch Sie dürfen entspannen)
- einen Plan, der Ihrem Hund zeigt, dass Sie genau wissen, was Sie tun (und er Ihnen deshalb einfach folgen kann)
- kleine Ziele stecken, denn die Aufmerksamkeitsspanne eines Hundes ist vor allem anfangs begrenzt

Gut gelaunt trainiert es sich viel leichter und schneller.

LEINENTRAINING OHNE LEINE: DAS FOLGE-SPIEL

Das Folge-Spiel ist eine fabelhafte Grundlage für alle Kommandos und eine vergnügte Methode, um dem Hund beizubringen, auf Sie zu achten. Gerade mit einem Welpen ist das Spiel ganz leicht, denn bisher ist er noch abhängig davon, in Ihrer Nähe zu bleiben, sonst würde es ihm schlecht ergehen. Sein Instinkt sagt ihm, dass er Ihnen folgen soll.
Denken Sie aber daran, dass Welpen die Aufmerksamkeitsspanne einer Ameise haben: Mehr als zehn Minuten sollte das Training nicht dauern, auch wenn Ihr Welpe schon so groß und unerhört talentiert wirkt.

DIE ÜBUNG DAZU

Begeben Sie sich in einen Raum, einen Hof oder in den Garten – irgendwo, wo es kaum oder wenig Ablenkung für Ihren Hund gibt.

Gehen Sie ein paar Schritte und machen Sie ein bestimmtes Geräusch. Schnalzen Sie zum Beispiel mit der Zunge, sagen Sie »Oh-oh«, machen Sie ein Küsschen-Geräusch oder verwenden Sie einen kleinen, leisen Pfiff. Setzen Sie dieses Geräusch von nun an immer als »Achtung!«-Signal ein.

Sobald Ihr Hund sich zu Ihnen wendet, loben Sie ihn freundlich, ohne dabei aufgeregt zu sein, geben ihm einen kleinen Keks und wiederholen das Ganze gleich noch einmal.

Gehen Sie auf diese Weise durch den ganzen Raum, bis Sie das Gefühl haben, er hat verstanden, dass das Geräusch etwas Angenehmes bedeutet.

Gehen Sie ein paar Schritte schneller, drehen Sie sich um und gehen Sie in die andere Richtung. Machen Sie das Geräusch, loben Sie Ihren Hund und freuen Sie sich, wenn er Ihnen folgt. Und natürlich geben Sie ihm wieder seinen Keks.

Das Ganze sollte nur ein paar Minuten dauern. Es soll ein Spiel bleiben, keine Militärübung.

Gehen Sie ein paar Schritte und locken Sie Ihren Hund mit einem Geräusch zu sich.

Loben Sie ihn dafür, wie gut er mitmacht. Nehmen Sie ihn mit Tempo »mit«.

Sprechen Sie Ihren Hund an, geben Sie ihm einen Keks fürs An-Ihnen-Dranbleiben ...

... wechseln Sie die Richtung, spielen Sie! Training soll Spaß machen.

Am folgenden Tag wiederholen Sie das Folge-Spiel. Wenn Ihr Hund gut mitmacht, ändern Sie das Tempo:

Beginnen Sie mit schnellen Schritten, machen Sie Ihr »Achtung!«-Geräusch, geben Sie Ihrem Hund den Keks zusammen mit einem Lob, drehen Sie sich um, hüpfen Sie in die andere Richtung … Wieder Ihr Geräusch und sobald Ihr Hund sich Ihnen zuwendet, Lob und Keks.

Als Nächstes gehen Sie ein paar Schritte ganz langsam – so als würden Sie Ihren Schlüssel suchen. Dieses langsame Gehen ist für Ihren Hund schwieriger. Achten Sie genau darauf, dass Sie seine Konzentration nicht verlieren. Wenn Sie merken, dass er seine Aufmerksamkeit anderen Dingen zuwendet, kommen wieder das Geräusch, das Lob, der Keks.

Sorgen Sie dafür, dass das Spiel für Ihren Hund interessant bleibt und er Erfolg hat. Wenn seine Konzentration nachlässt, liegt das daran, dass er

Wenn das Folge-Spiel gut geklappt hat, werden Sie am Tag darauf schneller. Seien Sie albern, amüsieren Sie sich, während Sie das Tempo wechseln, Ihren Hund locken und mit Keks belohnen.

müde wird: Die Konzentrationsfähigkeit Ihres Hundes variiert je nach Alter oder Stresslevel. Beenden Sie das Spiel daher für heute.

In den kommenden Tagen variieren Sie das Spiel dann immer mehr:

Sie können zum Beispiel geradeaus gehen und bevor Sie die Richtung wechseln oder einen Kreis laufen, Ihr »Achtung!«-Geräusch machen. Oder Sie laufen ein paar Schritte schneller, rennen ein kleines Stück, um dann wieder ganz langsam zu gehen. Sinn des Ganzen ist, Ihrem Hund immer wieder einen Grund dafür zu liefern, gut auf Sie zu achten, weil Sie mit Ihrem Tempo nicht berechenbar sind.

Die gute Nachricht kommt zum Schluss: Wenn das Folge-Spiel gut klappt, haben Sie 60 Prozent des Leinentrainings bereits erfolgreich geschafft. Ganz leicht, oder?

Machen Sie eine Art kontrolliertes »Fangen«-Spiel daraus: Wenn der Welpe Ihnen folgt und bei Ihnen ankommt, wird er belohnt.

LEINENTRAINING MIT DEM WELPEN

Wenn Welpen zum ersten Mal ein Halsband bzw. ein Geschirr und eine Leine anziehen müssen, gebärden sich einige von ihnen wie junge Fohlen: Sie steigen, beißen in die Leine, werfen sich hin und tun so, als habe ihr letztes Stündchen geschlagen.

Es ist grundsätzlich schon mal eine sehr nette Geste von Ihrem Welpen, wenn er sich nicht benimmt wie ein Tiger, der das erste Mal angeleint wird. Damit er auch lernt, höflich an der Leine zu gehen, sollten Sie das Leinentraining schrittweise aufbauen.

ERSTER SCHRITT

Zu allererst muss der Welpe lernen, dass Leine und Halsband beziehungsweise Geschirr nichts Schlimmes sind. Lassen Sie deswegen beides im Haus oder in der Wohnung am Hund, wenn Sie mit ihm spielen, zusammen Quatsch machen oder ihn kraulen. Ein Halsband und ein Geschirr sind so ähnlich wie neue Schuhe: Je länger man sie trägt, desto weniger spürt man sie noch.

Ziehen Sie Ihrem Welpen das Halsband beziehungsweise Geschirr an und befestigen Sie eine kleine Schleppleine oder ein Stück Wäscheleine daran (die Wäscheleine, weil sie einen Metallkern hat und deswegen nicht an Möbelstücken hängen bleiben kann). Nehmen Sie ihn mit sich, wenn Sie auf dem Weg zur Waschmaschine sind, ins Wohnzimmer oder wohin auch immer. Mal nehmen Sie die Leine dabei in die Hand, mal lassen Sie sie hinterherschleifen. Wenn Ihr Welpe bockt oder sich hinsetzt, quietschen Sie mit einem Quietschie und loben ihn, wenn er Ihnen folgt.

Üben Sie nicht länger als zehn Minuten mit Ihrem Welpen – das ist völlig ausreichend. Welpen haben wie Babys eine sehr kurze Aufmerksamkeitsspanne, und zehn Minuten sind schon das Limit an Eindrücken und Konzentration, was sie aufbringen können.

ZWEITER SCHRITT

Wenn das Folge-Spiel (siehe Seite 58 ff.) gut klappt, nehmen Sie Ihren Welpen an die Drei-Meter-Leine und gehen ein paar Meter, wobei Sie ihn mit Ihrem »Achtung!«-Geräusch auffordern, Ihnen zu folgen. Marschiert er in eine andere Richtung, machen Sie wieder Ihr »Achtung!«-Geräusch und gehen ein paar Schritte rückwärts. Folgt er Ihnen, loben Sie ihn, während Sie wieder vorwärts weitergehen.

Wenn er in eine andere Richtung hopst und dadurch an der Leine zieht, bleiben Sie stehen – und sobald das Hündchen steht, geben Sie mit der Hand ein bisschen nach, damit kein Zug auf der Leine entsteht. Machen Sie Ihr »Achtung!«-Geräusch und sprechen Sie Ihren Welpen, sobald er Sie ansieht, mit »Weiter!« an. Dann gehen Sie in die Richtung, in die Ihre Schultern zeigen.

Ihre Körpersprache ist sehr wichtig. Sie ist für Hunde deutlicher und verständlicher als jedes Wort oder Handsignal. Das bedeutet: Weisen Sie Ihrem Hund von Anfang an mit Ihren Schultern und Ihrem Blick die Richtung, in die Sie gehen möchten.

Machen Sie also Ihr »Achtung!«-Geräusch – und wenn Ihr Welpe Sie ansieht, sehen Sie unmissverständlich in die Richtung, in die Sie gehen

Nehmen Sie Ihren Welpen an die Drei-Meter-Leine und gehen Sie ein paar Meter, während Sie ihn mit Ihrem »Achtung!«-Geräusch auffordern, Ihnen zu folgen. Sobald er bei Ihnen angekommen ist, bekommt er einen Keks. Ändern Sie dann die Richtung.

möchten (und in die Ihre Schultern zeigen). Jubeln Sie ihm »Weiter!« zu und loben Sie ihn, wenn er Ihnen folgt.
Wann immer Ihr Welpe in die Leine hopst, bleiben Sie stehen, machen Ihr Geräusch und versuchen, ihn noch in der Bewegung dazu zu bringen, Ihnen in die von Ihnen vorgegebene Richtung zu folgen.
Ganz wichtig: Machen Sie das »Achtung!«-Signal so früh wie möglich: nicht erst, wenn er schon in die falsche Richtung geht, sondern bereits, wenn er noch darüber nachdenkt.

Sobald Ihr Hund Ihnen an der Leine ganz gut folgt, fangen Sie an, hin und her zu gehen. Bei jedem Richtungswechsel machen Sie wieder Ihr Geräusch. Führen Sie die Wechsel aber nicht zu schnell aus, damit er Ihnen auch wirklich folgen kann (Hundekinder können noch nicht sehr schnell denken, und mit der Motorik klappt es auch noch nicht so gut). Gehen Sie langsam um Bäume herum, um Poller, um Laternenpfähle, bleiben Sie stehen und gehen Sie dann wieder los, genau wie beim Folge-Spiel. Nur machen Sie nun etwas engere Bögen und Kreise. Ihr Hund soll lernen, dass er seine Aufmerksamkeit besser auf Sie richtet, weil er sonst früher oder später gegen einen Baum oder Laternenpfahl läuft.

Wenn das Folge-Spiel an der Leine gut klappt, ändern Sie immer öfter die Richtung – nur nicht zu schnell, damit Ihr junger Hund Ihnen auch weiterhin folgen kann.

LEINENTRAINING MIT EINEM HUND, DER DAS ZIEHEN BEREITS GELERNT HAT

Auch Junghunde oder erwachsene Hunde, die bereits ziehen wie die Pfingstochsen, können lernen, wie an einem Bindfaden an der Leine zu gehen.

Der Vorteil eines Jung- oder erwachsenen Hundes gegenüber einem Welpen ist, dass er sich besser konzentrieren kann als dieser und sein Gedächtnis etwas besser ist – Welpen lernen schnell, vergessen aber auch ziemlich rasant wieder, weil sie schlicht die Aufmerksamkeitsspanne von Ameisen haben.

RUHE IN DEN SPAZIERGANG BRINGEN

Um höflich an der Leine gehen zu können, müssen unsere Hunde lernen, auf uns zu achten. Dadurch, dass ihre Augen eher seitlich angeordnet sind, können sie uns aber wunderbar im Augenwinkel behalten, ohne uns direkt ansehen zu müssen. Will sagen: Hunde können einen herrlichen, entspannten, interessanten Spaziergang mit Schnüffeln und Sozialkontakt zu anderen Hunden und/oder Menschen haben und dabei trotzdem darauf achten, wo wir hingehen oder ob wir stehen bleiben. Sie müssen es nur lernen.

Gerade bei Hunden, die längst professionelle Leinenzieher sind, ist es extrem wichtig, Ruhe in den Spaziergang zu bringen. Der wichtigste Schritt dazu: Drosseln Sie Ihre Geschwindigkeit. Die meisten Leute gehen mit ihrem Hund spazieren, als wären sie auf der Flucht. Gehen Sie stattdessen betont langsam. Trödeln Sie. Nutzen Sie Entschleunigung als Werkzeug.

Indem Sie Ihr eigenes Tempo verringern, können Sie Ihrem Hund Ruhe vermitteln – wenn Sie schnell gehen, funktioniert das nicht. Machen Sie sich keine Sorgen, dass das für ihn langweilig ist. Es ist im Gegenteil (noch) sehr schwer für ihn und verlangt eine Menge Konzentration und Impulskontrolle (Hundewelt-Fachwort für Selbstbeherrschung). Er wird nach dem langsamen Spaziergang recht erschöpft sein, Sie werden sehen. Werden Sie selbst nicht ungeduldig, genervt oder laut. Dem Hund nützen Sie damit nicht, stattdessen wird er eher nervös, gestresst oder frustriert – und in einer solchen Atmosphäre kann er nicht lernen.

LEINENTRAINING MIT EINEM ZUG-PROFI

Die Zug-Profis unter den Hunden haben meistens schon einiges erlebt. Sie werden oft gar nicht mehr von der Leine gelassen, weil sie längst aufgehört haben, den Menschen am anderen Ende davon überhaupt wahrzunehmen. Der Zweibeiner ist hochgradig genervt, weil er im Zweifelsfall schon hundertmal hingefallen ist, ein HWS-Syndrom oder Schmerzen in der Schulter hat, und sein Hund tut so, als wäre er überhaupt nicht da. Beide sind also unglaublich gestresst und haben längst vergessen, was ein schöner Spaziergang überhaupt ist (falls sie es denn je wussten).
Wissen Sie noch, was ein Spaziergang ist?
Im Kopf von Hundeleuten ist ein Spaziergang für gewöhnlich so abgespeichert, dass man »Strecke machen« und dabei zügig gehen muss, damit der Hund auch genügend Bewegung bekommt. Es wird nie eine Pause eingelegt, man bleibt in Bewegung, als sei man eilig auf dem Weg zu einem Termin – oder auf der Flucht. Wie soll der Hund da lernen, dass ein Spaziergang ruhig und entspannt vonstattengehen kann? Bleiben Sie also öfter stehen. Machen Sie Pausen und lassen Sie die Blumen oder die Wolken auf sich wirken.

DIE ÜBUNG DAZU

Diese Übung liest sich möglicherweise merkwürdig, und sie ist auch ein bisschen mühsam. Aber sie wirkt. Wirklich!

Es wird lange dauern, bis Sie Ihren Zug-Profi dazu bringen, endlich auf Sie zu achten. Schließlich weiß er gar nicht, dass es eine andere Option gibt als sein Verhalten. Aber wenn Sie die Übung tapfer und konsequent bei jedem Spaziergang durchziehen, hat er in ungefähr drei Wochen ein neues Leinenprogramm auf seiner Festplatte. Versprochen! Sie müssen aber dranbleiben.

Fahren Sie mit Ihrem Pfingstochsen irgendwohin, wo nichts ist – keine Ablenkung, kein Spektakel, keine anderen Hunde, keine Jogger und keine Fahrradfahrer. Nur Feld und Spatzen. Nehmen Sie ihn an eine Drei-Meter-Leine und ein Brustgeschirr und legen Sie zuallererst mal eine Pause ein. Das heißt: Bevor Sie überhaupt losgehen, bleiben Sie stehen. Lassen Sie Ihrerseits die Leine locker, legen Sie keine Spannung darauf. Wenn Ihr Hund losstürmt, nehmen Sie ihn am Mittelriemen des Geschirrs und holen ihn an sich heran wie einen Koffer. Machen Sie das immer wieder und so lange, bis er nachgibt und tatsächlich bei Ihnen bleibt.

Nehmen Sie den Hund an die Drei-Meter-Leine und ein Brustgeschirr und bleiben Sie erst mal stehen.

Legen Sie Ihrerseits keine Spannung auf die Leine. Machen Sie Ihr »Achtung!«-Geräusch.

Anschließend gehen Sie dann sehr langsamen Schrittes los. Langsam gehen bedeutet: Verlagern Sie Ihr Gewicht auf das hintere Bein – so wie Sie an einer Bushaltestelle oder am Bahnhof auf und ab gehen würden, während Sie auf den Bus beziehungsweise Zug warten. Wenn man stattdessen irgendwohin möchte, verlagert man automatisch sein ganzes Gewicht auf das vordere Bein.

Sobald sich die Leine auch nur annähernd strafft (das wird bei diesen Hunden nicht lange dauern), drehen Sie sich um, bleiben stehen und zeigen mit den Schultern in die entgegengesetzte Richtung. Es kann sein, dass Sie in den ersten zwei Wochen keine zehn Meter weit kommen, aber das macht nichts: Ihr Hund wird nach einer halben Stunde völlig erschöpft sein, denn so etwas hat er noch nie erlebt. Die Übung macht müde, denn ob Ihr Hund will oder nicht: Er muss unglaublich viel nachdenken. Normalerweise wird er deshalb nach einer halben Stunde schon viel entspannter sein.

Wichtig: Während der ganzen Übung gibt es überhaupt kein Futter, damit würden Sie nämlich unabsichtlich die Aufregung Ihres Hundes be-

Wenn Ihr Hund auf Sie zukommt, strecken Sie einladend Ihre Handfläche aus.

Erst wenn er die Handfläche berührt hat, bekommt er einen Keks zur Belohnung.

lohnen. Stellen Sie auch null Erwartungen an Ihren Hund. Geben Sie ihm keine Anweisung und kein Kommando. Er bekommt für sein Verhalten nur Ihre Reaktionen: Wenn er zieht, bleiben Sie stehen und wenden sich in die andere Richtung. Wenn er langsam geht, gehen Sie langsam mit. Das war's.

Bei dieser Übung kommt es darauf an, Ihrem Hund zu zeigen, dass langsam gehen eine ganz neue Option für das Spaziergeh-Verhalten ist – und das ist für ihn etwas völlig Ungewohntes. Es ist ungefähr so wie mit einem zehntägigen Meditationskurs: Sie würden sicherlich auch eine ganze Weile brauchen, bis Sie sich endlich darauf einlassen könnten, Ihre üblichen, rasenden Gedanken wegzuschieben. Und bis dahin wären Sie todmüde vom »Möglichst-nichts-Denken«.

Nach ein paar Tagen, in denen Sie sich ausschließlich in dieser Übung mit Ihrem Hund vorwärts bewegt haben, werden Sie bemerken, dass der ganze bisherige Spaziergeh-Stress langsam von ihm abfällt. Wenn es so weit ist, dürfen Sie ihn nach getaner Arbeit frei laufen lassen. Sie werden sehen: Plötzlich klappt es.

Das Ganze sollte in totaler Gelassenheit und möglichst ohne Ablenkung stattfinden.

Achten Sie auf Ihre Stimmung – Training ist ein spannendes Spiel.

ÜBUNG »NICHTS GEHT MEHR«: STEHENBLEIBEN

Wenn Ihr Hund zieht, weil er sehr aufgeregt ist oder irgendwo vorne am Horizont seinen besten Kumpel (oder eine Katze) sieht, bleiben Sie stehen und wenden Sie sich mit den Schultern zur Seite oder in die entgegengesetzte Richtung. Damit nehmen Sie Ihren Fokus von dem Objekt des Interesses. Lassen Sie Ihren Hund herumhopsen, ohne dabei mit der Leine nachzugeben, indem Sie Ihren Arm lang und länger werden lassen.

Nehmen Sie alle Konzentration zusammen und zählen Sie Kieselsteine, Grashalme oder ausgespuckte Kaugummis – was immer sich Ihnen bietet. Wichtig ist, dass Ihr Hund auch mental keinerlei Rückhalt für sein unhöfliches oder aufgeregtes Verhalten bekommt. Früher oder später wird er sich zu Ihnen umdrehen, weil er sich wundert, warum es nicht weitergeht. Machen Sie jetzt erst Ihr »Achtung!«-Geräusch und belohnen Sie ihn mit einem Keks.

Der Witz an dieser Übung ist, dass Sie es Ihrem Hund überlassen haben, sich selbst zu korrigieren, ohne negativ auf ihn einzuwirken. Sie haben ihm die Rückendeckung genommen und sich vollständig auf etwas anderes konzentriert – bis Ihr Hund festgestellt hat, dass das Herumstehen ihn weder weiterbringt noch den gewünschten Effekt hat. Er hat von sich aus wieder Kontakt und Nähe zu Ihnen gesucht. Und genau dafür wird er jetzt auch belohnt.

Wenn Sie mit allen Reizen, die Ihren Hund nervös machen, auf diese Weise umgehen, anstatt ihn wegzuzerren, wegzuschleppen oder Ihrerseits Spannung aufzubauen, wird Ihr Hund nach kurzer Zeit lernen, dass es sich gar nicht lohnt, wegen irgendetwas Theater zu machen. Stattdessen wird er beim Anblick eines Reizes, der ihn verunsichert, gleich zu Ihnen schauen, in Erwartung Ihrer Reaktion. Und das ist doch das, was Sie sich immer gewünscht haben, oder nicht?

Alle drei Hunde fürchten sich vor den beiden sehr großen Pferden, die im Paddock spielen.

Ich drehe mich um, zeige mit meinen Schultern in die andere Richtung ...

... und kümmere mich nicht um das Theater, das die Hunde machen – die sich daraufhin relativ schnell beruhigen.

FREIWILLIGES FOLGEN

In der Mensch-Hund-Beziehung ist gewöhnlich der Mensch derjenige, der die Richtung vorgibt. Und es gibt dafür deutlich bessere Methoden, als dem Hund mit dem Finger die Richtung zu weisen – dann betrachtet er nämlich nur Ihren Finger. Tatsächlich ist ganzer Körpereinsatz gefragt: Schultern, Kopf und Ihre Blickrichtung.

Hunde können unsere Körpersprache besser verstehen als unsere Worte, denn mit ihr verständigen sie sich auch untereinander. Viele Menschen kommentieren jedoch, ohne es zu bemerken, alles, was der Hund tut, und sprechen ihn auch andauernd an – was dem Hund andauernd Aufmerksamkeit abverlangt, bis er es als »Hintergrundrauschen« abspeichert und einfach nicht mehr reagiert.

»Ihr Hund versteht Ihre Körpersprache viel besser als Worte. Setzen Sie sie also gezielt ein.«

Wenn Sie aufhören, ihn mit Worten zu bombardieren und diese stattdessen sehr gezielt einsetzen, wird Ihr Hund viel aufmerksamer darauf achten, wenn Sie ihn ansprechen. Achten Sie auch auf Ihre Lautstärke. Obwohl Hunde extrem gut hören können, reden manche Menschen ihren Vierbeiner mit einer Lautstärke an, als benötige er ein Hörgerät.

Arbeiten Sie statt mit Worten mehr mit Ihrer Körpersprache, wird Ihr Hund Sie nicht nur besser verstehen, sondern von sich aus viel mehr auf Sie achten. Wenn Sie ihm mit Ihrem Arm die Richtung weisen, müssen Sie ihn nicht an der Leine irgendwo hinziehen, sondern geben ihm die Freiheit, an lockerer Leine mit Ihnen zu gehen. Wenn Sie für das Anhalten ein leises »Stopp!« aufbauen (bei »Stopp!« geht es schlicht keinen einzigen Schritt mehr weiter), müssen Sie nicht wie ein Verkehrspolizist herumfuchteln und schreien. Und es ist so viel netter, auf die leisen Gesten zu achten und zu reagieren, als immer aus zahllosen Worten das Kommando herausfiltern zu müssen.

Alfie wurde bei seinem früheren Besitzer dauernd zugetextet, dabei »hört« er viel besser auf kleine Gesten.

DIE ÜBUNG DAZU

Wenden Sie sich ab jetzt grundsätzlich mit Ihren Schultern, Ihrem Blick, Ihrem unübersehbaren Plan und Ihrer ganzen Körperhaltung in die Richtung, in die es gehen soll. Was auch immer Ihr Hund hinter Ihrem Rücken macht: nicht Ihr Problem. Warten Sie einfach ab, bis er irgendwann auf Ihre Richtungsvorgabe reagiert, sich Ihnen zuwendet und Ihnen folgt.

Beim ersten Mal wird Ihr Hund möglicherweise etwas Zeit brauchen, Ihnen aber dann in Ihre Richtung folgen. Interessiert er sich zwischendurch wieder für etwas anderes, bleiben Sie erneut stehen und zeigen stoisch mit Ihren Schultern in die Richtung, die Sie vorgegeben haben, bis er Ihnen wieder folgt. Ziehen Sie nicht an seiner Leine, sondern lassen Sie Ihre Hand einfach stehen, bis er nachgibt und zu Ihnen aufschließt. Dann gehen Sie weiter. Ändern Sie »sichtbar« die Richtung und wiederholen den Ablauf: Schultern, Körperhaltung, Blick in eine bestimmte Richtung, stehen bleiben, falls der Hund nicht mitmacht. Und erst weitergehen, wenn er Ihnen wieder nachfolgt.

Wenn Ihr Hund, statt zu folgen, lieber seinen Hobbys nachgeht, bleiben Sie stehen und zeigen mit den Schultern in die Richtung, in die Sie gehen wollen.

Wenn Sie Ihren Fokus auf Ihre Richtung legen, wird der Hund nach kurzer Zeit ohne Aufforderung folgen.

Je häufiger Sie ihn so wortlos zum Folgen »überreden«, desto besser wird er auf Sie achten.

NEUGIER WECKEN DURCH BODENUNTERSUCHUNGEN

Die meisten Hunde haben von uns gelernt, nur dann mit uns in Kontakt zu treten, wenn von unserer Seite aus irgendein Signal oder Kommando kommt. Solange so ein Kommando ausbleibt, machen sie weiter ihr Ding. Hunde sollten jedoch lernen, uns von sich aus zu folgen. Sie sollten die Bereitschaft entwickeln, auf uns zu achten und sich auch dann an uns zu orientieren, wenn wir sie nicht ansprechen oder mit Spielzeug vor ihrer Nase herumwedeln. Die Hunde, die das nicht gelernt haben und immer »im Appell« stehen, sind auch die, die ohne Leine und permanente Aufmerksamkeit oder Bespaßung am Ende der Wiese Gas geben und losgaloppieren: Wir haben ihnen ja nicht gesagt, dass sie das nicht tun sollen. Es geht also darum, dass Sie ein natürliches Miteinander aus Ihrem Hund herausholen, anstatt ihm andauernd Kommandos an den Kopf zu werfen.

DIE ÜBUNG DAZU

Wenn Sie feststellen, dass Ihr Hund zwar anständig an der lockeren Leine geht, mit seinen Gedanken aber im Gebüsch oder am anderen Ende der Wiese ist, gehen Sie unvermittelt am Wegrand in die Hocke und untersuchen den Boden. Schieben Sie mit der Hand Steinchen und Stöckchen hin

Wenn Ihr Hund sich um andere Dinge kümmert, machen Sie sich interessant: Konzentrieren Sie sich auf Grashalme oder Erdkrümel.

und her, beobachten Sie Ameisen und legen Sie ganz nebenbei einen kleinen Keks an die Stelle, die Sie so besonders aufmerksam betrachten.

Schauen Sie nicht hoch, um zu prüfen, ob Ihr Hund sich auch wirklich für das interessiert, was Sie machen. Warten Sie einfach ab – er ist ja an der Leine, kann also nicht verschwinden. Beim ersten Mal kann es durchaus zwei, drei Minuten dauern, bis er zu Ihnen kommt, um nachzusehen, was denn so spannend ist. Und dann liegt da sogar ein Keks! Es hat sich also so was von gelohnt, mal nachzusehen, was Sie da eigentlich machen.

Fassen Sie Ihren Hund jetzt nicht an und loben Sie ihn auch nicht. Der Keks war schon lohnend genug. Sie haben gerade zusammen etwas untersucht, wodurch Bindung entsteht. Werden Sie jetzt nicht gleich wieder vom Freund zum Menschen, indem Sie Ihren Hund unnötig anfassen oder sein Handeln kommentieren.

Wenn Sie diese Übung ganz gezielt zweimal am Tag wiederholen, werden Sie merken, dass Ihr Hund sehr schnell feststellt, dass es sich durchaus lohnt, mit Ihnen in Kontakt zu bleiben und Sie im Auge zu behalten: Damit bleibt er ansprechbar.

Wenn Ihr Hund nachsieht, was Sie da eigentlich machen, liegen da zufällig auch ein paar Kekse zwischen den Gräsern.

Gehen Sie betont ruhig mit Ihrem Hund an der Leine spazieren.

Wechseln Sie die Richtung und warten Sie, bis Ihr Hund sich Ihnen wieder anschließt.

Wenn Ihr Hund sich schnell langweilt, können Sie als Variante das Tempo auch etwas erhöhen.

Geben Sie ihm aber die Chance, sich Ihnen anzuschließen, ehe Sie erneut die Richtung wechseln.

DIE HIN-UND-HER-ÜBUNG

Diese Übung ähnelt dem Freiwilligen Folgen (siehe Seite 78 f.). Bei der Hin-und-Her-Übung gehen Sie allerdings betont ruhig und langsam und bleiben sofort stehen, sobald die Leine nur leicht gespannt ist. Warten Sie nicht erst, bis Ihr Hund »richtig« zieht.

Bleiben Sie also stehen, wenden Sie sich mit dem ganzen Körper in eine andere Richtung und warten Sie, bis der Hund sich Ihnen aus eigenen Stücken wieder anschließt.

Um trotz des langsamen Tempos eine Dynamik in die Übung zu bringen, gehen Sie Achten und Kreise um Bäume, Laternen und Poller – mal nach links und mal nach rechts –, bis der Hund verstanden hat, dass er wirklich auf Sie achten muss, weil Sie offensichtlich sehr unentschlossen sind.

DIE JO-JO-ÜBUNG

Die meisten Hunde, die schon lange erfolgreich an der Leine ziehen, haben gelernt, dass sie meistens dahin kommen, wohin sie hinwollen, wenn sie nur mit ausreichend Wucht in die entsprechende Richtung zerren. Sie wissen schon: Sie gehen ganz friedlich den Weg entlang, und Ihr Hund wirft sich plötzlich mit Karacho nach links oder rechts, sodass Sie gar nicht so schnell die Kraft haben, ihn zu halten.
Hunde werden echte Experten darin, weil wir Menschen uns meistens nicht durchsetzen, um dieses Verhalten abzustellen. Stattdessen geben wir nach, wenn der Hund nur stark genug zieht – und er bekommt, was er wollte.

Die Übung auf der folgenden Seite ist eine sehr wirksame Möglichkeit, dem Hund beizubringen, sich selbst zu korrigieren, weil er lernt, dass es nichts bringt, wenn er zieht: »Wenn ich ziehe, geht's nicht weiter. Also komme ich zurück«. Wie ein Jo-Jo eben.

DIE ÜBUNG DAZU

Üben Sie mit Ihrem Hund zuerst auf einem ruhigen Weg, wo er wenig abgelenkt ist, damit er sich konzentrieren kann und seine Aufmerksamkeit ganz auf Sie richten kann.

Gehen Sie ganz langsam und überlassen Sie Ihrem Hund den vollen Radius der Leine. Geht er mit und hängt die Leine sogar durch, dürfen Sie ihn mit ruhiger, freundlicher Stimme loben (regen Sie ihn aber bloß nicht auf, sonst kommt Unruhe in den Spaziergang).

Sobald die Leine sich leicht strafft, bleiben Sie stehen und lassen Ihren Hund keinen Schritt mehr vorwärts gehen. Warten Sie etwa fünf Sekunden und machen Sie dann Ihr »Achtung!«-Geräusch, um ihn zu sich zu holen. Gleichzeitig gehen Sie ein, zwei Schritte rückwärts.

Wenn Ihr Hund zu Ihnen kommt, geben Sie ihm einen Keks. Dann gehen Sie gemeinsam weiter (schicken Sie ihn aber nicht mit einem Kommando wie »Weiter!« oder »Lauf!« voraus, denn seine Aufmerksamkeit soll ja weiterhin bei Ihnen bleiben und nicht »nach außen« gerichtet werden).

Nach wenigen Wiederholungen wird sich Ihr Hund bereits während der fünf Sekunden Wartezeit wieder Ihnen zuwenden. Loben Sie ihn, während Sie wie gehabt ein paar Schritte rückwärts gehen und ihm dafür auf jeden Fall einen Keks geben.

Die fünf Sekunden sollen Ihrem Hund etwas Zeit geben, sich gegebenenfalls selbst zu korrigieren, bevor Sie Ihr »Achtung!«-Geräusch machen. Denn das ist ja das erste, kleine Ziel: dass der Hund es schafft, innerhalb kurzer Zeit von alleine umzudrehen und zu Ihnen zurückzukommen, damit Sie ihn belohnen können. Sie wollen schließlich nicht bis ans Ende Ihrer Tage Geräusche machen, sobald Ihr Hund seine Leine strafft. Stattdessen soll er von selbst merken, dass die Leine hier zu Ende ist und er nachgeben oder zu Ihnen zurückkommen muss.

Das zweite kleine Ziel ist, dem Hund nur noch dann Belohnungskekse zu geben, wenn er sich selbstständig korrigiert. Wenn er auf Ihr Geräusch reagiert, wird er natürlich noch immer gelobt – aber die Futterbelohnung bekommt er nur noch für seine selbstständigen Korrekturen.

Sie werden sehen: Ihr Hund wird sich Ihnen im Laufe der nächsten Tage viel häufiger von alleine zuwenden, sobald sich die Leine strafft.

Sobald diese Übung ohne Ablenkung so gut funktioniert, dass Sie die Keksbelohnungen ausschleichen können (siehe Seite 33 f.), verlegen Sie die Übung an einen Weg, auf dem mehr los ist. Dort üben Sie wieder mit Keksen, bis das Umkehren zu 80 Prozent funktioniert. Dann fangen Sie wieder an, die Belohnungen auszuschleichen.

Alfie korrigiert sich schon, bevor ich ein Geräusch mache, und schaut zu mir zurück.

DAS KNIE ALS »ROTE LINIE«

Für manche Hunde ist es anfangs zu schwierig, vor Ihrem Menschen an der lockeren Leine zu gehen. Wenn Ihrer dazugehört, zeigen Sie ihm daher mit der Bei-mir-Übung, dass Ihr Knie sozusagen die »rote Linie« ist, die er nicht übertreten soll. »Bei mir!« ist nicht zu verwechseln mit »Bei Fuß!«: Mit dem Signal »Bei mir!« darf Ihr Hund sich im Radius seiner Leine relativ frei bewegen, solange er nicht an Ihrem Bein vorbei nach vorne geht. Sie weisen ihm also einen festen Platz zu, woran er sich orientieren kann, und er kann trotzdem nicht an der Leine ziehen. »Bei Fuß!« dagegen ist eine ganz andere Übung, bei der ihr Hund eng an Ihrem Bein gehen und weder aufs Klo noch schnüffeln darf (siehe Seite 104 ff.).

»Mit dem Kommando ›Bei mir!‹ weisen Sie Ihrem Hund einen festen Platz in Ihrer Nähe zu. In diesem Rahmen kann er sich relativ frei bewegen, solange er nicht an Ihrem Knie ›vorbeizieht‹.«

ÜBUNG: »BEI MIR!«

Rollen Sie die Drei-Meter-Leine so auf, dass Ihr Hund nur noch ungefähr 1,20 Meter zur Verfügung hat, und nehmen Sie die Hand, in der Sie die Leine halten, auf den Rücken (so, wie ältere Herren spazieren gehen, wenn sie nachdenken wollen). Wenn Sie die Leine in der rechten Hand halten, ist die linke Hand die freie »Signalhand«. Wenn Ihr Hund links gehen soll, ist Ihre rechte Hand die Signalhand.

Sagen Sie »Bei mir!« und gehen Sie langsam ein bis zwei Schritte. Sobald Ihr Hund versucht, Sie zu überholen, bleiben Sie stehen, machen einen Ausfallschritt vor ihn und halten die offene Handfläche der anderen Hand als Signal vor ihn, dass er nicht an Ihnen vorbei darf. Machen Sie dabei ein Geräusch wie beispielsweise »Kssst!« oder »Oh-oh« (auf jeden Fall etwas anderes als das »Achtung!«-Geräusch). Sie brauchen außerdem eine gewisse Körperspannung: Wenn Sie nur lasch mit Ihrer Hand vor Ihrem Hund herumwedeln, wird er nicht verstehen, was Sie meinen.

Bleibt Ihr Hund stehen, geben Sie ihm mit der Signalhand einen Keks.

Gehen Sie mit einem erneuten »Bei mir!« weiter und wiederholen die Übung, wenn Ihr Hund Sie wieder überholen möchte.

Je besser es funktioniert, desto mehr Schritte können Sie machen. Sie können die Leine auch etwas verlängern, sodass Ihr Hund hinter Ihnen mehr Freiraum hat oder an den Wegrand kann, um aufs Klo zu gehen – nur überholen darf er nicht.

Für den Erfolg der »Bei-mir!«-Übung ist auch wichtig, dass der Belohnungskeks ausnahmsweise mal eine eher dröge Sorte ist, also irgendetwas Trockenes, nicht wirklich Interessantes. Wenn Sie an dieser Stelle mit aromatischen, spannenden Dingen arbeiten wie zum Beispiel Würstchen oder Käse, laufen Sie Gefahr, dass Ihr Hund Sie überholt, weil er Ihre Zauberhand im Blick behalten will. Langweilige Kekse dagegen machen ihn in diesem Fall psychisch ruhiger.

Rapunzel kann sich frei bewegen, solange sie mein Bein als »Grenze« akzeptiert.

Mit Körperspannung stelle ich das linke Bein vor sie und halte meine Hand als Stopp-Signal vor.

Das mag aussehen wie Elvis' Karate-Moves auf der Konzertbühne, wirkt aber.

WAS TUN, WENN DER HUND NICHT REAGIERT?

Wenn Ihr Hund Sie eindeutig gehört hat, aber nicht gleich reagiert, hat er wahrscheinlich Stress. Versuchen Sie dann, die Übung an einen ruhigen Weg zu verlegen, vielleicht sogar in die Privatsphäre Ihrer Wohnung – bis er verstanden hat, was Sie von ihm wollen.

Je nachdem, was sie vorher im Training erlebt haben, gibt es Hunde, die sich Kommandos »verweigern«. Sie reagieren einfach nicht. Das ist aber keine Bos- oder Blödheit. In Wirklichkeit beschwichtigen diese Hunde, indem sie nicht mehr reagieren, nach dem Motto: »Ich verstehe dieses Spiel nicht, da mache ich nicht mit.« Loben Sie mehr, machen Sie aus der Übung aktiv ein Spiel, versuchen Sie es mit Charme und Witz.

WAS SIND BESCHWICHTIGUNGSSIGNALE?

Zu den wichtigsten Vokabeln unserer Hunde gehören die sogenannten Beschwichtigungssignale oder Calming Signals. Die norwegische Hundetrainerin Turid Rugaas stellte sie zusammen, als sie Ende der 1980er-Jahre begann, die Kommunikation von Hunden zu untersuchen.

Hunde setzen die Beschwichtigungssignale ganz gezielt ein, um Konflikten vorzubeugen, aber auch um sich selbst in stressigen Situationen zu beruhigen.

Zu den wichtigsten Beschwichtigungssignalen gehören zum Beispiel:

- Sich kratzen
- Langsam laufen
- Bogen gehen
- Herumschnüffeln (beispielsweise wenn Sie Ihren Hund rufen und ihm Ihre Stimmung nicht geheuer vorkommt)
- Kopf abwenden
- Gähnen
- Wegsehen
- Sich über die Nase lecken
- Sich schütteln
- Pfote heben
- Hinsetzen oder Hinlegen
- Spielposition mit in die Luft gestrecktem Po (vor allem Junghunde machen das, wenn sie ein Kommando nicht ausführen wollen, Ihre Stimmung nicht »sauber« ist oder sie nicht verstehen, was Sie wollen)

SIGNALE BEACHTEN

Diese Gesten sind wichtige Kommunikationswerkzeuge des Hundes, um eine anstrengende Situation zu bewältigen. Wenn sich beispielsweise ein Kind in das Körbchen eines Hundes legt und dieser unvermittelt gähnt, dann tut er das nicht, weil er plötzlich müde ist, sondern weil das Kind ihm zu nahe kommt und er mit der Situation überfordert ist.

Wenn Sie Ihren Hund rufen und er Sie zwar offensichtlich gehört hat, plötzlich aber intensiv am Boden herumschnüffelt, will er Zeit gewinnen, weil entweder Ihr Tonfall oder Ihre Körpersprache wenig einladend wirkt.

Achten Sie unbedingt auf die Beschwichtigungssignale Ihres Hundes (so manche Katastrophe ließe sich verhindern, wenn zum Beispiel Eltern besser auf die Stresssignale des Hundes im Zusammenhang mit Kindern achten würden).

Wenn Ihr Hund sie zeigt, nehmen Sie den Druck aus Ihren Kommandos, Ihrem Blick, Ihrer Körpersprache. Sie können ihm auch zusätzlich helfen, indem Sie Ihren Blick abwenden, Ihrerseits gähnen oder sich leicht wegdrehen. Und nein: Sie verhalten sich dadurch nicht »unterwürfig«, sondern entschärfen einen Konflikt.

Fritz versucht, Zeit zu gewinnen, weil der Ton, mit dem er gerufen wurde, etwas zu scharf war. Durch Schnüffeln versucht er, die Stimmung einzuschätzen.

SIGNALE WIEDER AUFLÖSEN

Alle Signale oder Kommandos, die den Hund in seiner Bewegung einschränken, wie »Bei mir!«, »Bei Fuß!«, »Stopp!«, »Sitz!« oder »Platz!«, müssen von uns wieder aufgelöst werden, damit er sich sozusagen ganz offiziell wieder freier bewegen kann. Wenn Sie das vergessen, zwingen Sie ihn, selbst zu entscheiden, wann er weitergeht beziehungsweise wieder aufsteht oder wieder freier läuft – und gerade das soll er ja nicht, sonst wird er unzuverlässig, und das Signal ist sinnlos.
Um ein Kommando aufzulösen, warten Sie ein paar Sekunden, in denen der Hund noch im Kommando verharrt. Dann drehen Sie sich zu ihm, machen eine sanfte (nicht aufgeregte, hoch motivierende) Winkbewegung mit einer Hand (in der Sie einen Keks halten) und sagen beispielsweise »Frei!«. Damit darf sich der Hund wieder frei bewegen und sich den Keks abholen. Beim dritten Mal brauchen Sie den Keks dann nicht mehr, denn im Prinzip ist ja schon das »Freigeben« die Belohnung.

KEIN ZICKZACK AN DER LEINE

Auf Wald- und Feldwegen mag es egal sein, ob Ihr Hund ständig von links nach rechts wechselt. Wenn Sie aber in der Stadt unterwegs sind, Kinder oder einen Kinderwagen dabeihaben oder wie ich mehrere Hunde an der Leine führen, wird der Spaziergang durch einen Hund, der ständig im Zickzack spazieren geht, zum Gummitwist-Training. Zum Glück ist es nicht schwer, ihm beizubringen, auf einer Seite zu bleiben.

ÜBUNG: AUF EINER SEITE LAUFEN

Nehmen Sie die Leine auf etwa 1,20 oder 1,50 Meter aufgerollt oder gefaltet in die Hand, auf deren Seite der Hund bleiben soll.

Ab jetzt erlauben Sie ihm nicht mehr, die Seite zu wechseln – die Leine ist ja kurz genug, um ihn managen zu können. Wenn er es versucht, machen Sie ein »Kssst!« oder ein »Oh-oh«, geben aber keinen Zentimeter mit der Leinenlänge nach. Stattdessen begrenzen Sie seinen Raum mit einer Armbewegung, indem Sie Ihren Arm waagerecht vor ihn halten wie eine Schranke. Gleichzeitig verwehren Sie ihm durch die kurze Leine den Raum, um die Seite zu wechseln. Wenn er es dennoch versucht, begrenzen Sie ihn noch weiter, indem Sie einen Schritt vor ihn machen.

Wenn Sie ab jetzt dabeibleiben, dass der Hund grundsätzlich auf der Seite gehen soll, auf der er den Spaziergang begonnen hat, wird er nach kurzer

Zeit sogar an der langen, lockeren Leine auf »seiner« Seite bleiben. Sie können es sogar so benennen, wie ich: Weil ich so viele Hunde an der Leine führen muss, haben wir eine bestimmte Ordnung, wer wo geht. Wenn wir zwischendurch Quatsch machen, über Baumstämme balancieren oder Kekse suchen und die Hunde dabei durcheinanderkommen, brauche ich nur zu sagen: »Nano, auf deine Seite!«, und er wechselt nach rechts. Womit im Zweifelsfall verhindert wird, dass ich auf die Nase falle.

Barthls Seite ist links – mit dem Arm begrenze ich seinen Raum …

… und dränge ihn von der rechten Seite zurück nach links.

Gerade ist ihm wieder eingefallen, dass er nach links gehört.

Barthl ist zurück auf »seiner« Seite, sodass wir ganz entspannt weitergehen können.

DIE ENTDECKUNG DER LANGSAMKEIT

Auch Trödeln will gelernt sein – vom Menschen genauso wie vom Hund. Bewusste Langsamkeit verhilft Mensch wie Hund, ein wenig zur Ruhe zu kommen.

Je ruhiger und gelassener der Mensch, desto ruhiger und gelassener der Hund. Gerade Menschen und Hunde, die es immer eher eilig haben, müssen sich geradezu überwinden, ihr Tempo zu drosseln und sich einander anzupassen. Dabei wirkt das geradezu Wunder für die Konzentration und die gemeinsame Koordination. Tanzen lernt man ja auch erst einmal ganz, ganz langsam, bevor man zu »Footloose« in perfekter Koordination über die Tanzfläche fegt.

EINEN GANG RUNTERFAHREN

Wenn Sie einen verträumten Hund haben, wird er es zu schätzen wissen, dass Sie sich endlich mal auf sein Tempo einlassen, während ein Hund mit sehr viel Energie beim Trödeln lernt, dass auch Langsamkeit durchaus erlebnistechnische Vorteile bietet.

Üben Sie auf Ihren Spaziergängen immer wieder betont, ganz langsam zu gehen – ungefähr so, als würden Sie Ihren Schlüssel suchen. Ihr Hund soll sich Ihnen wieder anpassen. Es ist ja nicht so, als gäbe es nichts zu schnüffeln und zu tun, wenn wir langsamer gehen. Oder als gäbe es weniger zu sehen. Im Gegenteil: Je mehr Zeit Ihr Hund hat, desto intensiver kann er die Umgebung wahrnehmen.

Gerade nervöse Hunde können durch betont langsames Gehen besser »runterkommen«, als wenn sie wie getrieben vorwärtsgehen. Ich durfte als Kind ab der zweiten Klasse alleine zur Schule gehen – und der Nachhauseweg war das Beste am ganzen Tag. Der gleiche Weg, für den ich morgens knapp 20 Minuten brauchte, kostete mich nach der Schule fast eine Stunde, weil ich so wunderbar trödelte, mir alle Vorgärten ansah, mit fremden Katzen plauderte und mir große Mühe gab, nicht auf die Linien zwischen den Gehwegplatten zu treten. Genauso spannend kann es für Ihren Hund sein, wenn Sie absichtlich langsam gehen. Und noch dazu wird es für ihn dadurch viel einfacher, auf Sie zu achten. Er lernt, dass er Sie im Augenwinkel behalten und gleichzeitig schnüffeln kann. Tatsächlich ist Entschleunigung immer wieder eine hervorragende Problemlösungsmethode, weil sie Mensch und Hund zwingt innezuhalten.

»Stehenbleiben-Können gehört zum Höflich-an-der-Leine-Gehen dazu. Aber auch Pause-Machen will gelernt und geübt sein.«

STEHENBLEIBEN

Alles hat seine Zeit: spazieren gehen und schnüffeln, herumrennen und spielen, Quatsch machen und sich ruhig verhalten. Das Stehenbleiben gehört genauso zum Leinentraining wie das Vorwärtsgehen. Dass der Hund akzeptiert, dass man auch mal stehen bleibt und sich mit dem Nachbarn unterhält, Schaufenster anguckt, einfach herumsteht, ist genauso wichtig, wie höflich an der Leine zu gehen. Wenn er nicht herumhopst, wenn man anhält, wenn er nicht anfängt zu bellen, weil ihm langweilig ist, wenn er einen nicht mit der Leine einwickelt, während man sich unterhält, macht es schlicht und ergreifend mehr Spaß, ihn dabeizuhaben.

DIE ÜBUNG DAZU

Mit Welpen wie auch mit erwachsenen Hunden übt man das Stehenbleiben erst einmal mit wenig Ablenkung. Sorgen Sie dafür, dass der Hund direkt in Ihrer Nähe ist, wenn Sie stehen bleiben, und nicht am anderen Ende der Drei-Meter-Leine.

Bleiben Sie stehen und schenken Sie Ihrem Hund keinerlei Beachtung: Betrachten Sie die Baumwipfel, lauschen Sie den Vögeln, schauen Sie die Wolken am Horizont an. Wenn Ihr Hund herumspaziert, nehmen Sie ihn wortlos am Rückenriemen des Geschirrs und stellen ihn wie einen Koffer wieder neben sich. Wenn Ihr Hund gerade ein Halsband trägt, schieben Sie ihn am Brustkorb zu sich. Er braucht nicht »Sitz!« zu machen – denn es geht ja darum, dass er auf Sie achtet und einen Moment Langeweile akzeptiert, ohne eine Aufgabe zu erfüllen (in diesem Falle das »Sitz!«). Will er wieder losmarschieren, wiederholen Sie die Sache mit dem Koffer.

Wenn der Mensch aufgehalten wird, muss der Hund sich eine Weile entspannt »parken«.

Zwei Dinge sind wichtig: Je jünger der Hund ist, desto kürzer müssen Sie die Pausen halten, während der Sie stehen bleiben. Außerdem bekommt der Hund keine Belohnung, kein Lob: Er muss lernen zu akzeptieren, dass er jetzt einfach mal kurz keine Rolle spielt.

Wenn die Pausen gut klappen, verlängern Sie sie. Können Sie dann ohne Probleme fünf Minuten herumstehen, verlegen Sie das Herumstehen irgendwohin, wo mehr Ablenkung herrscht. Wiederholen Sie die Übung zum Beispiel, während Sie sich mit jemandem unterhalten. Wenn ihr Hund anfängt, unruhig zu werden, brechen Sie das Gespräch nicht ab, sondern warten den Moment ab, in dem er wieder kurz zur Ruhe kommt – und dann erst gehen Sie weiter. Andernfalls zeigen Sie ihm, dass er mit Gequengel und Unruhe Erfolg hat, weil es endlich weitergeht.

»Weiter!« gekoppelt mit einer Handbewegung, die dem Hund die angestrebte Richtung zeigt, macht mehr Sinn als »Komm!«.

WEITERGEHEN

Auch wenn Ihr Hund angeleint ist, sollten Sie so mit ihm umgehen, als liefe er frei. Das heißt, Sie sprechen ihn an, rufen ihn zu sich oder bitten ihn, Ihr Tempo zu halten, anstatt ihn an der Leine herumzuziehen, ihn weiterzuzerren oder … Aber was tun, wenn der Hund sich so richtig festgeschnüffelt hat, obwohl er Ihnen doch bitte folgen soll, Sie ihn aber nun mal nicht weiterziehen oder hinter sich herschleppen dürfen? Ganz einfach: Sie brauchen ein Signal, das ihm bedeutet, dass er weitergehen soll. Meistens sagen wir in so einem Fall so was wie: »Komm weiter.« Dabei soll er ja gar nicht kommen, sondern mitgehen.

»›Weiter!‹ ist ein herrliches Kommando, um den Hund zum Weitergehen aufzufordern oder etwas zu unterbrechen.«

Das Wort »Komm!« ist in der Hundeerziehung sowieso nicht wirklich günstig, weil man es so inflationär verwendet. Auch ich persönlich benutze es ständig, selbst wenn es wenig Sinn macht: »Komm, lass mich mal schauen«, »Komm, jetzt friss doch mal endlich«, »Komm, geh mal hier raus« … Will heißen: So wie mir geht es vielen, und es wäre für meine Hunde sehr schwer, aus meinem übermäßigen »Komm!«-Gebrauch ein Kommando abzuleiten, das genauso klingt. Ich verwende stattdessen das Kommando »Zu mir!« – und das bedeutet es dann auch: Der Hund soll direkt zu mir kommen, nicht über Umwege und nicht in einem großen Bogen.

Wenn Sie Ihren Hund also dazu bewegen wollen, auf dem Spaziergang weiterzulaufen, macht es keinen Sinn, ihn dazu aufzufordern zu »kommen«. Stattdessen passt das Wort »Weiter!« viel besser – denn genau darum geht es ja: Er soll weitergehen.

»Weiter!« ist eigentlich mein Lieblingssignal,. Ich verwende es andauernd, wenn ich möchte, dass meine Hunde irgendetwas unterlassen, egal ob sie sich zum Beispiel in toten Fischen oder Marderexkrementen wälzen wollen, Schafe anstarren und sich dabei überlegen, was man wohl mit ihnen veranstalten könnte, oder einen anderen Hund begrüßen, der im Straßencafé unter einem Tisch sitzt.

»Weiter!« ist für den Leinenspaziergang ein wichtiges Kommando, wenn man nicht alle 20 Zentimeter stehen bleiben will, weil der Hund einen Kronkorken für unfassbar spannend hält oder schon wieder einen Löwenzahn markieren muss. Mit »Weiter!« kann man seinen Hund an der Leine führen, als wäre keine Leine an ihm dran. »Weiter!« verhindert, dass Sie Ihren Hund an der Leine herumziehen müssen. Es ist eine Richtungsvorgabe und eine Einladung, Ihnen zu folgen.

ÜBUNG: »WEITER!«

»Weiter!« wird ohne Kekse aufgebaut, damit Ihr Hund gar nicht auf die Idee kommt, auf Sie zuzulaufen, sondern mitgeht. Sagen Sie »Weiter!« (so wie alle anderen Kommandos) immer mit ruhiger, freundlicher Stimme. Erinnern Sie sich daran, dass Ihrem Hund das Wort an sich nichts sagt, nur Ihr Tonfall und Ihre Körpersprache.

Beginnen Sie die Übung im Garten oder in einer ruhigen Seitenstraße. Wenn Ihr Hund schnüffelt und/oder eher mit den täglichen Schlagzeilen am Straßenrand beschäftigt ist, sprechen Sie ihn mit »(sein Name), weiter!« an, wenden Ihre Schultern in die Richtung, in die Sie gehen wollen, und machen gleichzeitig eine ausholende Armbewegung, als wollten Sie ihn in diese Richtung schieben – immer mit der freien Hand, nicht mit der, in der Sie die Leine halten. Gleichzeitig gehen Sie in diese Richtung.

Sobald Ihr Hund hinter Ihnen herkommt, loben Sie ihn, gehen dabei aber weiter. Sie warten nicht auf ihn, denn das würde ihm signalisieren, dass es nicht wichtig ist, wann er kommt.

Wenn Sie das ein paar Mal geübt haben, können Sie ihn mit »Weiter!« von jedem Laternenpfahl und jedem Gebüsch wegholen: Sobald Sie merken, dass er sich sehr für eines davon interessiert, sagen Sie »(Name), weiter!«, während Sie im Weitergehen Ihre Schultern in die Richtung wenden, in die Sie gehen wollen, und wieder die Schiebebewegung mit dem Arm machen. Geht Ihr Hund mit, loben Sie ihn kurz mit »Super!« oder »Prima!« – aber ohne ekstatisch zu werden. Er soll ja nicht vor lauter Glück zu uns kommen, sondern weitergehen.

Reagiert Ihr Hund nicht auf das »Weiter!«, hangeln Sie sich mit der Leine an den schnüffelnden Hund heran (das heißt: Sie gehen zum Hund, während Sie die Leine immer kürzer nehmen, damit er nach vorne begrenzt ist und nicht weitergehen kann), stellen sich vor ihn und schieben ihn mit Ihrer aufrechten Körperhaltung und leicht ausgebreiteten Armen zurück, ohne ihn dabei zu berühren, sodass er rückwärts ausweichen muss. Dann sagen Sie ganz freundlich »Weiter!« und gehen zügig in die Richtung, in die Sie wollen.

Bleiben Sie Ihrem Hund gegenüber respektvoll. In den Momenten, in denen er mehr an den Schlagzeilen der Nachbarschaft interessiert ist, bedeutet die Leine ja eine echte Einschränkung seiner Bewegungsfreiheit.

»Weiter!« ist keine Maßregelung, nur ein »Antriebssignal«. Mit »Weiter!« lassen sich viele Konflikte lösen, indem Sie sich von den Dingen/Hunden/Joggern abwenden, die Ihr Hund interessant findet. Dadurch vermeiden Sie, dem Reiz versehentlich Gewicht zu verleihen und ihn zu verstärken. Gleichzeitig laden Sie ihn ein, sich der Gruppe (also Ihnen) wieder anzuschließen, was ihm ein Gefühl der Zugehörigkeit vermittelt.

Mit »Weiter!« und der entsprechenden Armbewegung »schiebe« ich Dundee weiter in die Richtung, in die ich möchte.

BEI FUSS GEHEN

Ich persönlich bin kein besonderer Freund von »Bei Fuß!«, weil es auf Hundeplätzen weltweit zu lange und zu oft als Lösung für alles eingesetzt wurde. »Bei Fuß!« bringt Hunden nicht bei, nicht zu ziehen – so wenig, wie »Sitz!« einem Hund beibringt, nicht zu ziehen. Das Signal »Bei Fuß!« bringt Hunden nur bei, auf Signal eng bei uns zu gehen. Ich persönlich habe zu viele Hunde, als dass »Bei Fuß!« mir irgendwas bringen würde – wir würden viel zu viel Platz wegnehmen. Also räume ich meine Hunde lieber hinter mich (siehe »Bei mir!«, Seite 86 f.). So sind sie aus dem Weg, und für entgegenkommende Menschen – Mütter, Radfahrer, Jogger – ist das »große Bild«, das ich mit den vielen Hunden mache, etwas vertrauenserweckender.

»›Bei Fuß!‹ bringt einem Hund nicht bei, nicht zu ziehen – so wenig wie ›Sitz!‹ ihm beibringt, nicht zu ziehen.«

Wer allerdings bei hundesportlichen Wettbewerben mitmachen möchte, kommt an der Begleithundeprüfung nicht vorbei. »Bei Fuß!« kann außerdem eine großartige Übung für Hunde sein, die immer etwas zu tun haben möchten. »Bei Fuß!« vorwärts, rückwärts, mit und ohne Musik als sportliche Übung ist für hoch motivierte Hunde eine fabelhafte Aufgabe für zwischendurch (mit einem Windhund brauchen Sie derlei eher nicht zu versuchen, der durchschnittliche Barsoi oder Galgo würde Ihnen einen Vogel zeigen – ein Collie beispielsweise dagegen fände »Bei Fuß!« als eine Art Kunststück sehr lustig, und es kann ihn vor zu viel Enthusiasmus gegenüber Bällen bewahren).

Aber: »Bei Fuß!« ist schwierig. Sogar in den meisten BGH-Prüfungen sieht man Hunde, die eher schlecht als recht hinter dem Knie ihres Menschen herzockeln (»Halb zog sie ihn, halb sank er hin …«) Setzen Sie sich »Bei Fuß!« als richtiges Ziel – den Hund einfach nur eng neben sich laufen zu lassen, ist zu wenig.

Alfie beim Vorzeige-»Fuß!« – den Blick auf meine Hand geheftet.

DIE ÜBUNG DAZU

In offiziellen Prüfungen soll der Bei-Fuß-laufende-Hund links vom Menschen gehen. Wenn Sie keine Prüfungen absolvieren wollen, spielt es keine Rolle, an welcher Seite Ihr Hund geht. Es kann sogar von Vorteil sein, wenn er es auf beiden Seiten kann – vor allem, wenn Sie manchmal mehr als einen Hund führen wollen. Suchen Sie sich zum Üben einen Ort mit möglichst keinen oder sehr geringen Ablenkungen.

Für »Bei Fuß!« sollte der Hund zunächst möglichst eng neben Ihnen sitzen, idealerweise so, dass seine Schulter Ihr Bein leicht berührt. Die meisten Hunde empfinden das als übergriffig und unangenehm, weshalb Sie ihn mit ein paar Keksen belohnen sollten, wenn er das ruhig hinnimmt.

Nehmen Sie die Leine locker in die rechte Hand, so gefaltet, dass sie nur etwa 1,30 Meter Länge hat. In der Leinenhand halten Sie außerdem ein paar Kekse, einen davon sichtbar zwischen Daumen und Zeigefinger.

Machen Sie nun zwei, drei Schritte nach vorne und sagen Sie dabei gleichzeitig »Bei Fuß!« oder nur »Fuß!« (wichtig ist, dass Sie ab jetzt und für immer das gleiche Wort beibehalten). Es macht nichts, dass Sie den Hund momentan mit dem Keks vorwärts locken – er muss ja erst einmal verstehen, was Sie wollen.

Manche Hunde verstehen sofort, wie das Spiel geht, andere müssen erst wieder »Sitz!« machen und das Ganze wiederholen. Wenn Ihr Hund immer eng an Ihrem Bein mit Ihnen vorwärts geht, belohnen Sie ihn während des Gehens.

Je besser er das »Bei Fuß!«-Spiel macht, desto weniger Kekse bekommt er. Stattdessen loben Sie ihn mehr mit motivierender Stimme (Sie wissen selbst, in welchem Tonfall Sie ihn motivieren, ohne ihn aufzuregen).

Wenn Sie das Gefühl haben, der Hund hat das Kommando verstanden, verlegen Sie die Übung an einen Ort mit mehr Ablenkungen. Ist er zu sehr abgelenkt und zieht nach vorne, lenken Sie seine Aufmerksamkeit wieder mit einem Keks um (bei großen Ablenkungen müssen Sie möglicherweise die Qualität der Belohnung etwas steigern – versuchen Sie es mit einer Tube Leberwurst).

Wenn die Ablenkungen einfach stärker sind als der Keks in Ihrer Hand, bauen Sie Richtungswechsel ein: Mit der Superbelohnung in der Hand machen Sie einen Schritt vom Hund weg nach links – und wenn er Ihnen eng am Bein folgt, machen Sie noch einen Schritt nach links. Gehen Sie wieder drei, vier Schritte geradeaus, dann wieder einen Schritt nach links und so weiter …

Bleiben Sie gut gelaunt. Lächeln Sie, als wären Sie Berufstänzer. Es ist wissenschaftlich erwiesen, dass selbst ein künstliches Lächeln im Gesicht sich irgendwann verselbstständigt und Ihre Laune verbessert.

Wenn es nicht so richtig klappt, gehen Sie in Ihrer Übung ein paar Schritte zurück und machen an dem Punkt weiter, an dem sich Ihr Hund sozusagen selbst übertroffen hat.

Machen Sie sich zum Ziel, die »Bei Fuß!«-Strecke immer weiter zu verlängern. Suchen Sie sich einen Punkt im Gelände, bis zu dem Sie es schaffen wollen. Seien Sie dabei gnädig mit sich und Ihrem Hund und bleiben Sie erst einmal bescheiden: Sie wollen bei jedem kleinsten Schritt Erfolg und keine Frustration auslösen.

Alfie muss direkt an meinem Bein absitzen und bekommt zur Motivation einen Keks.

Auf »Fuß!« folgt er eng am Bein – auch wenn er erst mal dem Keks in meiner Hand folgt.

Fürs allererste Mal zeigt Alfie ein super »Fuß«. Mit der Zeit verzichten wir auf Kekse.

LEINENTRAINING FÜR UNSICHERE UND ÄNGSTLICHE HUNDE

Bei sehr unsicheren, ängstlichen Hunden geht es erst einmal weniger um die Erziehung zur Höflichkeit als darum, ihnen zu vermitteln, dass sie an der Leine bei uns in Sicherheit sind.

Unsichere und ängstliche Hunde (und erst recht richtige Angsthunde) müssen unbedingt doppelt gesichert werden. Will heißen: Mit je einer Drei-Meter-Leine an einem flachen, breiten Zugstopp-Halsband und (!) einem Geschirr. Unterschätzen Sie nicht, wie schnell sich manche Hunde beim geringsten Druck und bei der kleinsten »Freiheitsberaubung«, die sie spüren, in bockende Mustangs gepaart mit wilden Krokodilen verwandeln, die sich aus dem Halsband und sogar aus einem Sicherheitsgeschirr herauswinden können. Wie das geht, bleibt ihr Geheimnis. Denn bisher hat es noch keiner geschafft, sie dabei in Zeitlupe zu filmen.

GEWÖHNUNG AN DIE LEINE

Wenn Sie einen Garten haben, üben Sie mit einem ängstlichen Hund am besten erst einmal dort. Wenn Sie keinen Garten haben, wohnen Sie hoffentlich in einer ganz ruhigen Seitenstraße, sonst muten Sie Ihrem Hund mehr zu, als er womöglich in der ersten Zeit verkraften kann.
Planen Sie Ihren Spaziergang: Überlegen Sie genau, wo Sie mit Ihrem Hund entlanggehen wollen – und wie lange: Mit einem ängstlichen Hund, der noch nicht gelernt hat, an der Leine zu gehen, ist schon »einmal um den Block« zu weit. 30 Meter hin und wieder zurück reichen erst mal.

DIE ÜBUNG DAZU

Sie brauchen ein Geschirr, ein Halsband und zwei Leinen.

Nehmen Sie in jede Hand eine Leine und ein paar Kekse, sagen Sie munter, aber ruhig »Weiter!« und spazieren Sie los. Wenn Ihr Hund sich ins Halsband und ins Geschirr hängt und bockt, geben Sie mit den Leinen etwas nach, damit er nicht das Gefühl bekommt, er wäre gefesselt. Wenn er dann verwirrt stehen bleibt, fordern Sie ihn mit einem gut gelaunten »Weiter!« abermals auf, mit Ihnen zu kommen.

Folgt er Ihnen, geben Sie ihm nach ein paar Metern einen Keks. Drückt er sich geduckt am Zaun oder an der Hauswand entlang, versuchen Sie, Ihr Tempo zu verlangsamen, damit er Sie ansieht. Sie können auch versuchen, ihm einen Keks anzubieten, aber wahrscheinlich wird er ihn vor lauter Stress nicht annehmen können.

Sehr unsichere Hunde müssen grundsätzlich doppelt gesichert werden – ob Sie nun trainieren oder nicht.

Achten Sie darauf, ob Ihr Hund entspannt oder wenigstens gleichbleibend angespannt bleibt. Sagen Sie ihm gut gelaunt, was für ein Superheld er ist. Wenn Sie feststellen, dass er immer nervöser wird, drehen Sie um und gehen wieder nach Hause. Reden Sie dabei weiterhin fröhlich mit ihm, loben Sie ihn dafür, dass er noch atmet, und was für ein phänomenal tapferer Kerl er ist.

Erlauben Sie Ihrem Hund einen Tag Pause, damit das Erlebte »sacken« kann. Beim nächsten Spaziergang gehen Sie dann exakt dieselbe Strecke und versuchen, ein paar Meter weiterzukommen. Sobald er angespannt wird, drehen Sie wieder um. Bleiben Sie auf jeden Fall schön ruhig und entspannt: Sie sind das Vorbild.

Gehen Sie eher langsam und lassen Sie sich nicht von der Nervosität Ihres Hundes anstecken. Das ist schon deshalb wichtig, weil er es sofort spürt, wenn Sie sich Ihrerseits anspannen, sobald zum Beispiel ein Nachbar mit Schlapphut und Harke in der Hand auftaucht. Sobald Sie denken: »Ach du meine Güte, mein armer Hund, jetzt bekommt er bestimmt Angst, muss der Typ denn gerade jetzt hier entlangkommen?«, machen Sie erstens dem armen Kerl, der wirklich überhaupt nichts dafür kann, innerlich einen Vorwurf. Und zweitens kann Ihr Hund nicht lernen, dass fremde Männer kein Grund zum Fürchten sind, wenn er Ihre Anspannung spürt.

Gehen Sie stattdessen einen großen Bogen um den Herrn und grüßen Sie ihn trotzdem gut gelaunt, um Ihrem Hund zu demonstrieren, dass es keinen Grund gibt, vor Angst zu erstarren. Ich persönlich versuche sogar, wenn möglich aus der Distanz ein paar Sätze mit der jeweiligen Person zu wechseln, damit sich die Situation entspannt, der Nachbar in meine Erziehungsmaßnahme einbezogen wird und sich nicht wundert, dass ich ihm plötzlich aus dem Weg gehe, und der Hund merkt, dass ich ihn zwar in Sicherheit gebracht habe, die vermeintliche Gefahr aber durchaus nicht uninteressant ist. Denn es ist ja wahrscheinlich so, dass Ihr Hund sich nicht deshalb fürchtet, weil er schlechte Erfahrungen gemacht hat. Er fürchtet sich, weil er diese Situationen nicht kennt und daher nicht einschätzen kann. Es liegt also an Ihnen, aus Ihrem Angsthasen ein Kommunikationsgenie zu machen.

Zeigen Sie dem Hund die Leine und den Karabiner, um ihn mit dem Anleinen nicht zu überrumpeln.

ENTSPANNTES ANLEINEN

Für die meisten von uns sind An- und Ableinen ganz beiläufige Handlungen, über die wir kaum nachdenken. Weil unsere gut sozialisierten Hunde uns normalerweise sehr wohlwollend gegenüberstehen, nehmen sie es uns zumeist auch nicht übel, wenn wir ihnen versehentlich den Karabiner an die Nase oder an die Stirn hauen, uns umständlich über sie beugen, um Ihnen das Geschirr anzuziehen, oder uns ungeschickt anstellen, wenn wir ihnen das Halsband umlegen.

Auch die Art, wie die meisten von uns ihre Hunde anleinen, indem sie sich frontal vor den Hund stellen, ihn direkt ansehen und leicht vornüberbeugen, ist eigentlich ein No-Go in der Hundesprache: Ein Hund, der Menschen nicht gewohnt ist, würde dies für eine bedrohliche Geste halten. Unsere gut sozialisierten, gut aufgezogenen Hunde haben aber längst gelernt, dass wir körpersprachliche Klötze sind, die Hundeetikette nicht beachten und sich ihnen gegenüber meistens verhalten wie Elefanten im Porzellanladen.

Sobald Sie aber einen sehr unsicheren oder ängstlichen Hund haben, müssen Sie sich über Ihre Körperhaltung und Gesten sehr bewusst werden. Unsicheren Hunden ist eine ausgestreckte Hand häufig schon zu viel. Wenn Sie sich über sie beugen, empfinden sie es als bedrohlich – genauso, wenn Sie frontal auf sie zugehen und sie dabei ansehen. Einem Hund, dem grundsätzlich Vertrauen gegenüber dem Menschen fehlt, muss man vorsichtig und überaus höflich zeigen, dass man nur mit friedlichen Absichten mit ihm umgehen möchte.
Das fängt damit an, dass Sie Ihren ängstlichen Hund nicht einfach mit dem Anleinen überraschen dürfen, sondern Ihr Vorhaben mit Worten oder Körpersprache ankündigen sollten, damit er sich auf Sie einstellen kann. Wann immer ich meinen Hunden Halsband, Geschirr oder Leine anlegen möchte, benenne ich es beispielsweise mit »Anziehen!«. Meine Hunde wissen, dass sie dafür stehen bleiben müssen und wir erst dann losmarschieren können, wenn alle »angezogen« sind. Es reicht, dies dem Hund durch Abwarten beizubringen: Ich bleibe so lange mit der Leine in der Hand stehen, bis der jeweilige Hund (»Henry, anziehen!«) sich hat anleinen lassen. Dann kommt der nächste dran. Und der nächste. Aber so lange wie bei mir wird es bei Ihnen ja nicht dauern.

»Fehlt einem Hund das Vertrauen in die Menschen, müssen Sie ihm gegenüber besonders gelassen und höflich sein.«

Zeigen Sie Ihrem Hund ganz ruhig und ohne Hektik die Leine und machen Sie sie ihm mithilfe von ein paar Keksen »schmackhaft«. Vermeiden Sie es, sich über ihn zu beugen (was bedeuten kann, dass Sie anderes Equipment besorgen müssen, etwa ein leichter verschließbares Geschirr), und erst recht, sich ihm von hinten zu nähern. Auf beides könnte er panisch reagieren, weil er sich überrumpelt fühlt. Stattdessen stellen Sie sich seitlich vor ihn, wie man das unter wohlerzogenen Hunden macht. Bewegen Sie Ihre Hand ruhig und konzentriert, aber auch nicht zu langsam oder sogar im Zeitlupentempo – auch das empfinden Hunde als äußerst verdächtig.

DIE ÜBUNG DAZU

Auch bei dieser Übung ist es wichtig, dass Sie sich von der Seite nähern und nicht hektisch bewegen.

Halten Sie Leine und Karabiner vor Ihren Hund und geben Sie ihm einen Keks. Sobald er diesen zu Ende gekaut und geschluckt hat, nehmen Sie die Leine wieder weg. Halten Sie die Leine wieder vor seine Nase und geben Sie ihm erneut einen Keks. Wiederholen Sie diesen Schritt ein paar Mal, bis Ihr Hund verstanden hat, dass die Leine köstliche Kekse auslöst.

Wenn Ihr Hund die Leine nicht mehr misstrauisch beäugt, gehen Sie etwas weiter: Zeigen Sie ihm Leine und Karabiner, geben Sie ihm seinen Keks und führen Sie den Karabiner auf seiner Augenhöhe etwas nach hinten, etwa auf Ohrhöhe. Wiederholen Sie ruhig und ohne Unsicherheit diese Schritte und führen Sie die Hand dabei immer ein wenig weiter nach hinten, zu den Schultern, noch ein paar Zentimeter weiter (immer wieder gekoppelt mit der Leine vor der Nase, dem Keks und der ruhigen

Während Sie einen Keks geben, führen Sie den Karabiner langsam auf Augenhöhe und wieder weg.

Führen Sie die Leine weiter ganz ruhig in Richtung Geschirr, während Sie weiter Kekse geben.

Bewegung nach hinten) – bis Sie endlich am Geschirr angekommen sind. Hurra – aber nur ein ganz leises, unaufgeregtes, denn Sie wollen Ihren Hund jetzt nicht verstören, nachdem er so phänomenal mitgemacht hat.

Wenn Ihr Hund noch so verunsichert oder scheu ist, dass er sich kaum anfassen lässt, macht es Sinn, ihn auch im Haus ein Geschirr und eine dünne Hausleine tragen zu lassen, damit Sie das dünne Vertrauen, das Sie in den letzten paar Stunden vielleicht aufgebaut haben, nicht unnötig gefährden, weil sie ihn erwischen und anfassen müssen, wenn Sie mit ihm nach draußen wollen. Er trägt ja bereits eine Leine am Geschirr, was Ihnen mehr Zeit und Entspannung gibt, das Anleinen zu üben.

Hunde mit sehr ausgeprägtem Meideverhalten brauchen manchmal ein paar Tage ruhiger Wiederholungen und jeweils mehrere Stunden Pause zwischen den Übungen, bis sie sich mit der Leine anfreunden. Andere sind schon nach einer Viertelstunde völlig d'accord mit der Leine und finden ab sofort nichts mehr dabei.

Geben Sie weiterhin Kekse, während Sie den Karabiner immer weiter ganz ruhig nach hinten führen.

Haben Sie den Karabiner eingehakt, machen Sie ihn gleich wieder ab und wiederholen das Spiel.

DAS ABLEINEN

Viele Leute leinen ihren Hund ab, indem sie ihn erst absitzen lassen und ihn dann mit einem enthusiastischen »Lauf!« losschicken. Ich persönlich verstehe das nicht. Wieso will ich meinen Hund in ungeheure Spannung und Aufregung versetzen, um ihn dann mit Karacho von mir wegzuschicken? Für mich macht das überhaupt keinen Sinn. Ich möchte mit meinen Hunden immer in Kontakt bleiben, ich möchte sie eher in meiner Nähe wissen, als sie quer über die Wiese zu schicken. Es gibt viel zu viele Beispiele, wie eine derart künstlich aufgebaute Spannung zu echten Problemen führen kann: Der Hund könnte losrennen, um als Erstes seinen Lieblingsfeind zu suchen oder eine Ente, die gerade losfliegt, oder ein Kind, das auf einem Roller vorbeiflitzt. Und er könnte auf die Idee kommen, diesen Objekten hinterherzupesen. Schließlich haben Sie ihn ja gerade auf 180 gebracht mit dem »Sitz!« und »Lauf!«. Total blöde Idee.

»Den Hund beim Ableinen mit einem ›Lauf!‹ von sich wegzuschicken, macht keinen Sinn.«

DIE ÜBUNG DAZU

Das Ableinen sollte genauso ruhig und entspannt verlaufen wie das Anleinen (siehe Seite 114 f.).

Das heißt: Auch beim Ableinen sprechen Sie Ihren Hund kurz an (ruhig mit dem Wort »Ableinen!«), damit Sie ihn nicht überrumpeln. Zeigen Sie ihm Ihre leere Hand, greifen Sie ruhig an seinem Gesichtsfeld vorbei an den Karabiner und leinen Sie ihn ab. Danach bekommt er zwei-, dreimal einen Keks zur Belohnung – bis er keine Belohnung mehr braucht.

Mit dem so häufig gehörten »Lauf!« nach dem Ableinen schickt man den Hund sozusagen in die Wüste.

LEINENTRAINING MIT MEHREREN HUNDEN

Man muss es ja nicht gleich so übertreiben wie ich und mit neun oder noch mehr Hunden an der Leine gehen. Dennoch gibt es mit mehreren Hunden an der Leine mehr zu beachten – je mehr Hunde, desto mehr Regeln.

Mehrere Hunde muss man noch aktiver führen als einen einzelnen Hund, weil man sich ja in mehrere Hunde hineinfühlen und sie beiläufig im Blick behalten muss – falls der eine die Ohren spitzt, weil er eine Katze entdeckt, oder der andere von Weitem einen Lieblingsfreund oder -feind sieht. Achten Sie auf Ihre Körpersprache, gehen Sie aufrecht und behalten Sie die Übersicht, treffen Sie alle Entscheidungen – das entlastet Ihre Hunde. Dann können sie folgen, anstatt sich selbst kümmern zu müssen.

ERST MAL EINZELTRAINING

Fangen Sie erst einmal damit an, die Hunde einzeln zu trainieren. Ja, das ist anfangs verhältnismäßig zeitaufwendig. Aber dafür haben Sie anschließend für den Rest Ihres Lebens entspannte, geordnete Spaziergänge (der Pferdetrainer Pat Parelli meinte einmal sehr richtig: »Die Leute haben keine Zeit, es einmal richtig zu machen, aber ein Leben lang Zeit, es falsch zu machen.«).

Betrachten Sie das Einzeln-Üben als Möglichkeit, Ihre gegenseitige Bindung zu verstärken: Sosehr Hunde es lieben, mit ihren Kumpels zusammenzuleben, sosehr lieben sie auch »Mami- oder Papizeit«.

Als Vorbereitung üben Sie mit jedem Hund die Übungen aus diesem Buch immer einzeln. Der Vierbeiner kann sich viel besser konzentrieren und auf Sie fokussieren, wenn Sie alleine üben. Und Sie selbst müssen auch erst einmal eine gewisse Sicherheit für die Technik bekommen – also dafür, was Sie tun und beachten sollen. Genauso müssen Ihre Hunde erst verstehen, worum es eigentlich geht, bevor Sie den Einsatz erhöhen.

Mit ein bisschen Übung und grundsätzlich zur Höflichkeit erzogenen Hunden kann man auch mehrere davon gleichzeitig führen.

DAS IST DEINE SEITE

Überlegen Sie sich vorher, ob es für Sie später einfacher/günstiger/praktischer ist, wenn Sie einen Hund rechts und den anderen links führen oder wenn sie beide auf einer Seite halten. Legen Sie diese Seite bereits beim Einzeltraining mit dem jeweiligen Hund fest: Dort soll er gehen. Wenn er versucht, die Seite zu wechseln, machen Sie eine »Schranke«, indem Sie die Arme heben, als wollten Sie ein Fahrrad aufhalten. Drängen Sie ihn so auf »seine« Seite zurück. Nach wenigen Wiederholungen wird er verstanden haben, was Sie meinen, und sich selbstständig wieder dort einordnen, wo er hingehört.

Sie können das auch mit einem Kommando verknüpfen: Zum Beispiel können meine beiden Galgos Nano und Aslan dort, wo ich wohne, nicht einfach so frei laufen, weil es einfach viel zu viel Wild gibt. Daher gehen die beiden auf unseren Spaziergängen meistens an der langen Leine. Sie dürfen dabei durchaus hinter mir hin und her laufen. Sobald ich aber sage: »Nano, geh auf deine Seite!«, ordnet er sich sofort auf meiner rechten Seite ein, ohne dass ich an ihm herumzuppeln müsste.

ZUSAMMEN LAUFEN

Wenn Sie irgendwann dann den zweiten Hund dazunehmen, sollten nicht mehr beide Leinen drei Meter lang sein. Sonst wird das Ganze bei zwei ungeübten Vierbeinern zu einer Art Gummitwist für Fortgeschrittene (kann man bei mir immer wieder beobachten … sieht manchmal supersportlich aus, meistens aber superblöd).
Wenn Sie zwei (oder noch mehr) Hunde führen, können Sie mit 1,5 bis 2 Meter langen Leinen (je nach Größe des Hundes: je kleiner der Hund, desto kürzer die Leine) besser auf sie einwirken. Später, wenn beide Hunde die Leinenführigkeit gut beherrschen und nicht mehr versuchen, im Zickzack spazieren zu gehen, sondern auf ihrer Seite bleiben, können Sie die Leinen dann verlängern, wenn Sie das wollen.

»Hunde orientieren sich in der Gruppe an dem, der einen Plan hat. Idealerweise sind das Sie – und nicht der andere Hund.«

Gehen Sie gewohnt langsam los – als hätten Sie alle Zeit der Welt und als wollten Sie »nur« die Gegend betrachten. Vergessen Sie aber nicht, sich vorher ein Ziel zu setzen, damit Sie nicht versehentlich in eine passive Haltung geraten. Hunde orientieren sich immer an dem, der einen Plan hat (ob der gut oder schlecht ist, ist erst einmal nicht so wichtig). Bei mehreren Hunden sind Sie als Mensch in der Unterzahl. Wenn also beispielsweise der eine Vierbeiner einen Plan hat (anstatt Ihnen), wird der andere sich an ihm orientieren – und beide werden Sie dorthin zerren, wo der erste hin will. Und genau das wollen wir ja nicht.
Die Hunde sollen an »ihrer« Seite gehen, und zwar auf Ihrer Höhe oder hinter Ihnen. Und sie sollen diese Position auch behalten. Dann können Sie bei Bedarf rechtzeitig – nämlich vor Ihren Hunden – agieren, anstatt nach Ihren Hunden zu reagieren. Wenn einer der beiden Hunde überholen möchte, begrenzen Sie ihn mit Ihrer Hand, indem Sie sie wie ein Stoppschild vor ihn halten.

SIE BESTIMMEN, WO ES LANGGEHT

Sie sind es jetzt auch, der vorgibt, wer wann wohin pieselt. Wenn Sie mehrere Hunde haben, ist es nämlich durchaus sinnvoll, nicht jedem irgendwie, irgendwo, irgendwann zu erlauben, sich zu lösen. Sonst stehen Sie andauernd mit verhedderten Leinen herum und warten … Stellen Sie sich vor, Sie hätten wie ich neun Hunde am Band. Da würden Sie lange herumstehen, und der Leinensalat wäre beträchtlich. Besser ist, Sie legen für Ihre Hunde einen Löseplatz fest. Das kann bei jungen Hunden der Baum vor der Haustür sein, bei etwas älteren das kleine Wiesenstück am Ende der Straße oder der Anfang der Grünfläche.

»ACHTUNG!«-SIGNAL BEI MEHREREN HUNDEN

Je nachdem, wann Ihr erster Hund das Gehen an der Leine mit Ihnen geübt hat, kann es sinnvoll sein, dem neuen Hund ein anderes Signal beizubringen. Auf diese Weise verhindern Sie, dass sich jedes Mal beide Hunde angesprochen fühlen, wenn einer von Ihnen »angeschnalzt« wird.
Statt mit einem Geräusch könnten Sie auch mit einem Wort arbeiten, das Sie sonst nie verwenden, meinetwegen »Twinkel« oder »Zippo«: Es muss ja keinen Sinn machen. Es muss nur Ihrem Hund etwas bedeuten.

Abgesehen davon gilt auch bei mehreren Hunden: Sobald sich die Leine bei einem von ihnen strafft, bleiben Sie stehen und warten ein paar Sekunden, ob sich der Vierbeiner selbst korrigiert und Sie von sich aus anschaut. Dann setzen Sie Ihr Signal ein und loben ihn (Futterbelohnungen werden jetzt nicht mehr eingesetzt, denn Sie haben das Ganze ja schon einzeln mit ihm geübt).

»Trotz Gruppe hilft Einzeltraining zwischendurch immens, um dem ›Schluderer‹ in Erinnerung zu rufen, wie es richtig geht.«

Wenn Sie merken, dass es bei einem Hund mit der Leinenführigkeit wieder hapert, arbeiten Sie noch einmal alleine mit ihm. Sie können das auch sofort machen, indem Sie den zweiten Hund kurz an einen Zaun binden und – natürlich direkt in seiner Nähe – mit dem anderen das Auf- und Abgehen üben. Er wird sich bestimmt gleich wieder daran erinnern, wie das eigentlich gemeint war mit dem »Höflich-an-der-Leine-Gehen«.

Bei mehreren Hunden an der Leine wird das »Achtung!«-Signal ohne Futterbelohnung verwendet.

REGELN FÜR DEN LEINENSPAZIERGANG MIT MEHREREN HUNDEN

DIE HUNDE VOR DEM ANLEINEN ANSPRECHEN

Ich selbst benenne die anschließende Handlung zum Beispiel mit »Nano, anleinen!« oder »Anziehen!«, bevor ich dem jeweiligen Hund Halsband oder Geschirr und Leine anlege. Ich sehe den jeweiligen Hund dabei an und bleibe mit Halsband und Leine in der Hand stehen, bis er von sich aus herankommt, um sich anleinen zu lassen. Anschließend muss er ruhig warten, bis alle anderen ebenfalls angeleint sind. Hierfür eignet sich am besten ein begrenzter Raum, etwa ein kleiner Flur.

Bei mir werden die Leinenenden derjenigen Hunde, die bereits angeleint sind, der Reihe nach an den Zaun gehängt. Das sind meine Hunde schon so gewohnt, dass sie sich von sich aus an den Zaun stellen. Das ist gleichzeitig eine wichtige Übung für die Beherrschung (in Hundefachsprache: »Impulskontrolle«) und ordnet die Hunde gleich ein, anstatt den Spaziergang als bunter Chaoshaufen zu beginnen.

GEORDNET AUS DER TÜR GEHEN

Mir persönlich ist es völlig egal, wer zuerst aus der Tür geht – es muss nur langsam, geordnet und rücksichtsvoll vonstattengehen. Sonst gehen wir zurück und machen es noch mal von vorne. Diese Rücksichtnahme ist wichtig, falls Sie mal etwas Zerbrechliches in den Händen halten oder ein Kind auf dem Arm tragen oder sich den Fuß gebrochen haben.

Um das zu üben, öffnen Sie die Tür, nehmen Sie Blickkontakt mit dem jeweiligen »Stürmer« auf und bremsen Sie ihn mit dem erhobenen Zeigefinger. Sprechen Sie mit leiser Stimme ein »Okay« und gehen Sie Ihrerseits betont langsam: Machen Sie einen oder zwei Schritte, sodass die Hunde verstehen, dass Sie gleich hinter der Tür wieder warten müssen.

ZIEHEN GIBT ES NICHT

Weder der Hund darf ziehen noch der Mensch. Die Leine ist eine Begrenzung, keine Telefonleitung und kein Abschleppseil. Und bei mehreren Hunden ist das erst recht nicht nur ein Vorschlag, sondern eine Regel, von der es keine Ausnahme gibt. Wenn einer der Hunde zieht, müssen Sie vermehrt einzeln üben, damit er lernt, wie es richtig geht.

KEIN MARKIEREN BIS ZUM LÖSEPLATZ

Wenn Sie einen Welpen oder einen alten Hund haben, gilt diese Regel natürlich nicht – aber die Pieselei aller anderen Hunde, die gut gelaunt und ohne Notwendigkeit jede Straßenecke, jeden Hauseingang und jede Hecke markieren, ist überflüssig. Das können sie im Freilauf machen, aber nicht, wenn Sie versuchen, mit mehreren Hunden am Band irgendwo anzukommen.

KEIN SPIELEN AN DER LEINE

Wenn Sie mit mehreren Hunden unterwegs sind, besteht immer die Chance, dass sie sich gegenseitig zum Spielen auffordern – vor allem, wenn junge Hunde dabei sind. An der Leine ist der »Spielraum« allerdings zu klein, weshalb Sie diese Spielaufforderungen mit einem »Ksst!« oder »Nein!« unterbrechen sollten. Andernfalls kann es auch passieren, dass beispielsweise zwei Jungspunde an der Leine Quatsch machen und ein dritter, älterer Hund das nicht duldet – und die Situation an der Leine eskaliert.

AN DER LEINE KEINE SPIELSACHEN

Das ist zumindest dann wichtig, wenn Sie mehrere Spielsachen-fixierte Hunde haben. Die kommen nämlich sonst auf die Idee, einander beim Spaziergang oder auf dem Nachhauseweg den Ball, Dummy oder Gummihasen wegzunehmen. Was ebenfalls zu einer Eskalation führen könnte.

SOZIALKONTAKT MIT FREMDEN HUNDEN MÖGLICHERWEISE EINSCHRÄNKEN

Je nachdem, wie der/die vorhandenen Hund(e) drauf sind, können Sie einem »Neuankömmling« Sozialkontakt zu Artgenossen erlauben oder nicht. Wenn Ihre Hunde fremde Hunde freundlich begrüßen, wird sich die Gruppenstimmung auf den »Neuen« übertragen (siehe »Hundebegegnungen an der Leine«, ab Seite 139). Um ihm zu helfen, sollten Sie ihm allerdings nicht erlauben, den fremden Hund zuerst zu begrüßen, sondern ihn möglichst im Mittelfeld behalten.

Ein Hund ist sozusagen kein Hund (Rapunzel).

Zwei Hunde sind besser als einer (Rapunzel und Harry).

Drei Hunde sind auch noch ein Klacks (Rapunzel, Henry und Harry).

Mit vier Hunden an der Leine wird man schon anders angesehen (Rapunzel, Henry, Nano und Harry).

Fünf Hunde an der Leine bedürfen schon größerer Konzentration (Rapunzel, Nano, Henry, Harry und Gretel).

Sechs Hunde in verschiedenen Größen müssen wirklich leinenführig sein, damit Mensch nicht umfällt (Nano, Rapunzel, Henry, Harry, Barthl und Gretel).

Ob sechs oder sieben ist praktisch auch schon egal (Nano, Alfie, Rapunzel, Henry, Harry, Gretel und Barthl).

Wer an acht Hunden vorbei will, muss wie bei uns ein bisschen warten (Alfie, Nano, Rapunzel, Henry, Harry, Pixel, Gretel und Barthl).

HÖRSIGNALE

Menschen tauschen sich hauptsächlich über Worte aus. Deshalb sprechen die meisten von uns viel mit ihren Hunden. Obwohl wir theoretisch wissen, dass Hunde eigentlich viel besser auf Körpersprache reagieren, verwenden wir geradezu reflexhaft Hörsignale.

Wir lieben es, mit unseren Hunden zu reden, und Reden ist für die meisten von uns natürlicher, als sich irgendwelche Handzeichen zu merken. Deshalb trainieren wir auch sehr oft so: Wenn wir mit unserem Hund ein Problem haben, suchen wir nach einem Kommando, das dieses Problem wieder aus der Welt schafft. Dabei wäre es oft viel sinnvoller, ein bestimmtes Verhalten gar nicht erst aufkommen zu lassen: Dann bräuchte man nämlich nicht noch ein Kommando dafür, um es wieder abzubauen. Will sagen: Anstatt einem Hund beizubringen, wieder aus dem Gebüsch »Raus!« zu kommen, wäre es eigentlich richtig, ihm beizubringen, dass er an der Leine im Gebüsch überhaupt nichts zu suchen hat.
Ich persönlich möchte beim Spaziergang gar nicht so viel mit meinen Hunden reden. Bei Ausflügen mit acht bis zwölf Hunden würde ich ja dusselig, wenn ich deren Verhalten dauernd kommentieren müsste. Mich stört es auch, wenn andere Leute in meinem Beisein ständig auf ihre Hunde einreden – dann höre ich die Vögel und meine Gedanken gar nicht mehr. Und war unser großer Traum nicht sowieso immer, den anderen wortlos zu verstehen?

DIE MACHT DER WORTE

Reden mit dem Hund wird vor allem dann zum Problem, wenn man sehr viel auf ihn einredet. Auch wenn wir alle davon überzeugt sind, unsere Hunde verstünden jedes Wort: Das stimmt leider nicht. Wortschwalle sind für sie nichts weiter als mehr oder weniger intensives Blabla. Gehören Sie zu den Menschen, die richtig viel auf ihre Hund einreden, verschwimmt Ihr Vortrag zu einem Hintergrundrauschen, und Ihr Hund hört auf, Ihren Worten überhaupt noch Beachtung zu schenken (ich bin sicher, zu diesem Thema gibt es mehrere Sketche von Loriot). Dabei kann das rechte Wort zur rechten Zeit durchaus viel ausrichten (nicht nur bei Menschen). Dazu aber muss das richtige Wort als Signal erst einmal aufgebaut werden.

Am einfachsten ist es, eine erwünschte Verhaltensweise zu benennen, sobald der Hund sie zeigt. Wenn er also stehen bleibt, geben Sie ihm möglichst gleichzeitig das Signal »Stopp!« oder »Halten!« dazu. Noch mal: Jedes Mal, wenn Sie Ihren Hund beim Stehenbleiben sehen, geben Sie ihm das entsprechende Hörzeichen (bestehend aus einem Wort). Nach relativ kurzer Zeit wird Ihr Hund die Handlung mit dem Wort verknüpft haben.

Galgo Nano achtete von Anfang an sehr genau auf einzelne Worte.

Das Wunderbare an dieser Art des Trainings ist, dass Sie sich dabei nur auf das Verhalten konzentrieren, das Sie von Ihrem Hund sehen wollen – er kann also nichts falsch machen. Es ist daher auch eine großartige Methode, unsicheren oder ängstlichen Hunden Kommandos beizubringen – oder solchen, die bisher wenig trainiert wurden (Hunde aus zweiter oder dritter Hand), wenig Erfahrung mit Kooperation mit dem Menschen haben und sich leicht unter Druck setzen lassen, wenn der Mensch ihnen mit den »üblichen« Methoden etwas beibringen möchte.

»Achten Sie präzise auf Ihre Wortwahl, damit Sie nicht versehentlich ein unerwünschtes Verhalten Ihres Hundes mit einem Kommando belegen.«

Aber Achtung: Genauso schnell können Sie, wenn Sie nicht aufpassen, durch Benennen auch unerwünschtes Verhalten formen. Viele Leute haben ihre Hunde auf diese Weise hervorragend trainiert – ohne es überhaupt zu merken – und dabei das Wort nicht so aufgebaut, wie sie es sich eigentlich vorgestellt hatten. Wenn Sie zum Beispiel immer »Laaangsam!« sagen, wenn Ihr Hund so richtig mit Vollgas an der Leine zieht, wird er bald immer bei »Laaangsam!« ziehen – denn er verknüpft das Wort mit dem, was er gerade macht. Er lernt also, dass das Wort »Laaangsam!« bedeutet: Jetzt aber mal so richtig an der Leine ziehen. Das Wort an sich hat schließlich, anders als für uns, keinerlei Bedeutung für ihn.
Anderes Beispiel: »Raus da!« Es wird meistens eingesetzt, wenn der Hund ins Gebüsch stürmt. Nach einiger Zeit kann man den Hund mit »Raus da!« hervorragend ins Unterholz schicken. Richtig wäre zu warten, bis der Hund von sich aus wieder auf den Weg zurückkommt – und in diesem Moment sein Handeln mit »Raus da!« zu kommentieren.

Achten Sie unbedingt auf Ihre Wortwahl. Wie schon gesagt, verwende ich das Wort »Komm« so wahllos, dass ich es nicht mehr als Kommando verwenden kann, weil ich damit meine Hunde nur ständig verwirren würde. Beobachten Sie mal, ob Sie vielleicht den gleichen »Fehler« machen. Wenn Sie beispielsweise fast immer »So, jetzt gehen wir mal raus« sagen, wenn Sie spazieren gehen wollen, müssen Sie aufpassen, dass Sie das nicht versehentlich auch zu Ihrem Kind oder dem Patenjungen sagen, wenn Sie mit ihm zum Spielplatz wollen.

LEINEN-ALLTAG

Jede Menge neue Herausforderungen

BEGEGNUNGEN AN DER LEINE

Treffen sich zwei Hunde an der Leine ... Was auf den ersten Blick völlig normal und harmlos erscheint, kann im echten Leben schon mal zu einer Herausfordeurng werden – für Mensch und Hund.

Viele Leute lehnen Hundebegegnungen an der Leine grundsätzlich und vollkommen ab. Ich persönlich finde das schade, denn in einer Welt, in der immer mehr Gesetze zu Leinenzwang von Hunden erlassen werden, reduziert ein Kontaktverbot an der Leine den Sozialkontakt unserer Hunde auf ein Minimum. Dabei muss man, um Hunden Begegnungen an der Leine zu ermöglichen und diese friedlich zu gestalten, meistens nur die Höflichkeitsregeln von Hunden beachten.

»Aber Hunde können an der Leine nicht ausreichend miteinander kommunizieren!«, höre ich oft. Dabei ist das eigentlich so nicht richtig. Auch an der Leine können Hunde wedeln, ihre Mimik in vollem Umfang einsetzen, eine Bürste aufstellen, knurren, bellen und so weiter. Wenn Hunde wirklich das Gefühl haben, sie könnten an der Leine nicht ausreichend kommunizieren, dann deshalb, weil wir Menschen das nicht zulassen: Wir nehmen die Leine automatisch kurz, schränken unsere Hunde also in ihrer Bewegung ein. Wir lassen sie nicht schnuppern und führen sie zügig und direkt an den anderen Hunden vorbei ...
Mit anderen Worten: Wir zwingen unsere Hunde dazu, unhöflich zu sein. Dabei sind Hunde von Natur aus sehr darauf bedacht, höflich miteinander umzugehen – allein schon, um eventuellen Konflikten aus dem Weg zu gehen. Weil wir sie aber zwingen, direkt auf den fremden Hund zu- und direkt an ihm vorbeizugehen, nötigen wir die beiden regelrecht dazu, unhöflich zum jeweils anderen zu sein. Also brüllen sie den anderen Hund vorsichtshalber an, um ihn sich vom Hals zu halten. Auf Dauer entwickelt sich auf diese Weise ein menschgemachtes Verhaltensproblem.

KONTAKTAUFNAHME ZWISCHEN HUNDEN

Wenn Hunde offensiv mit einem anderen Hund oder Menschen in Kontakt treten wollen, gehen sie direkt auf ihn zu. Das ist übrigens auch das Geheimnis, warum junge Hunde im Park begeistert jeden begrüßen, der ihnen entgegenkommt: Sie sind einfach fest davon überzeugt, dass derjenige, der ihnen da direkt entgegenkommt, »Hallo« sagen möchte. Wenn Hunde dagegen höflich und zuvorkommend sind, machen sie einen angemessenen Bogen um ihr Gegenüber und nähern sich einander eher von der Seite an. Wenn wir von unseren Vierbeinern erwarten, dass sie wohlerzogen und neben uns direkt an anderen Hunden vorbeimarschieren, ohne diese auch nur eines Blickes zu würdigen, zwingen wir sie also, überaus unhöflich zu sein. Und unter normalen, leinenlosen Umständen würden sie von dem anderen Hund dafür vermutlich eins auf die Mütze bekommen. Um genau das zu verhindern (also dass der andere Hund sie für ihr unhöfliches Verhalten rügt), gewöhnen sich viele Hunde an, ihn von vornherein auf Abstand zu halten. Wie? Indem sie ihn angrölen: Hau bloß ab! Mach, dass du wegkommst!

Wenn Hunde sich frei und ohne Leine begegnen, nähern sie sich dem anderen gewöhnlich aus Höflichkeit seitlich.

VERHALTEN BEI LEINENBEGEGNUNGEN

Mit ein paar Tipps kann jeder Hund lernen, seinen Artgenossen entspannt zu begegnen:

- Wenn Sie den entgegenkommenden Hund kennen, lassen Sie die Hunde sich an lockerer Leine einander begrüßen und beschnüffeln. Bleiben Sie selbst absolut gelassen. Sie wissen doch: Stimmung (also auch Anspannung) überträgt sich sofort. Wenn die Hunde beschwichtigen dürfen, bekommen sie auch keinen Stress.
- Wenn Sie den entgegenkommenden Hund nicht kennen, fragen Sie seinen Besitzer schon auf Entfernung, ob Kontakt erlaubt ist. Wenn Sie allerdings schon von Weitem sehen, dass der andere seinen Hund bereits kurznimmt, an der Leine ruckt und ein Bild der Anspannung bietet, lassen Sie es und gehen einen Bogen um Mensch und Hund – sonst bekommt der andere Hund nur Ärger.
- Wenn Ihr Hund an der Leine nicht entspannt mit anderen Hunden ist, machen Sie Ihr »Achtung!«-Signal, sobald er Spannung aufbaut: Er kann nicht gleichzeitig zu Ihnen schauen und den anderen Hund fest im Blick behalten. Anschließend gehen Sie mit ihm einen großen Bogen um den anderen Hund. Wenn Sie auf einem Gehweg laufen und nur wenig Platz zur Verfügung steht, wechseln Sie im Notfall ganz ruhig die Straßenseite oder gehen ein Stück auf der Straße, sodass parkende Autos zwischen Ihnen und dem anderen Hund sind.
- Sie brauchen Ihren Hund nicht belohnen oder »beruhigend« auf ihn einreden. Die Belohnung ist der Abstand, den Sie ihm zu dem entgegenkommendenen Vierbeiner einräumen. Legen Sie einen so großen Zwischenraum zwischen die beiden Vierbeiner, bis Ihr Hund ruhig bleibt, weil er sich nicht mehr um den anderen kümmern muss. Üblicherweise beträgt die Warndistanz sieben bis acht Meter. Sofern Ihr Hund sich bereits in seine Rolle als anerzogener Proll eingefunden hat, sind allerdings auch 10 bis 20 Meter möglich.
- Je öfter Sie diese Übungen wiederholen, desto entspannter wird Ihr Hund, versprochen. Er wird im Laufe der Zeit sogar dann entspannt bleiben, wenn Sie eines Tages unverhofft richtig eng an einem anderen Hund vorbeigehen müssen: weil Sie ihn dann beschwichtigen lassen, selbst entspannt bleiben und deshalb auch die Leine locker lassen können, Ihren Hund also nicht in seiner Bewegung einschränken müssen.

Höflichkeit erleichtert das Leben doch immer wieder ungemein.

LÖSUNGEN FÜR HÄUFIGE PROBLEME

Viele Hunde haben sich aus Unsicherheit oder Unvermögen, mit einer Situation klarzukommen, Verhaltensweisen angewöhnt, die den Spaziergang ziemlich anstrengend machen können.

Ein Hund, der die im Folgenden beschriebenen Verhaltensweisen zeigt, ist nicht »ungezogen« oder »böse«. Stattdessen hat er sich nur mehr oder weniger günstige Taktiken angeeignet, um mit Situationen umzugehen, die er als brenzlig empfindet.

DER HUND LEGT SICH HIN

Wenn sich ein Hund beim Anblick eines fremden Hundes hinlegt und nicht mehr weitergeht, gibt es dafür drei Gründe, die sich auch nicht immer hier und jetzt und an der Leine lösen lassen:

- Eigentlich ist das Sich-Hinlegen (»Sich-klein-Machen«) eine Beschwichtigungsgeste – entweder, um dem anderen Hund zu zeigen, dass man wirklich ungefährlich ist (der Jagdhund meiner Freundin Inga legte sich zum Beispiel immer ganz flach hin, wenn ihm deutlich kleinere Hunde entgegenkamen). Für dieses Hinlegen braucht man keine Lösung. Weil es eine wirklich höfliche und überaus liebenswerte Geste gegenüber anderen Hunden ist, sollte man es einfach hinnehmen.
- Hunde legen sich aber auch hin, um sich selbst zu beschwichtigen. Weil sie sich gegenüber dem entgegenkommenden Hund unsicher fühlen. Meistens machen das Junghunde, die sich nicht sicher sind, was für eine Rolle sie einnehmen sollen. Normalerweise hört der Hund im Zuge des Erwachsenwerdens und mit zunehmender Erfahrung im Freilauf mit anderen Hunden auf, sich hinzulegen. Bis dahin nimmt man ihn in so einem Fall am Geschirr hoch (Hunde wie diese sollten unbedingt ein Geschirr tragen), damit man nicht versehentlich mit der Leine herum-

zuppelt oder ruckt, und geht mit einem gut gelaunten »Hier geht's lang!« einen großen Bogen um den anderen Hund.

- Das dritte Hinlegen dient weniger als Beschwichtigungssignal, sondern zeigt Elemente der Jagd: Beim Anblick eines entgegenkommenden Hundes diesen anstarren und fixieren, um dann plötzlich auf ihn loszuschießen – und den Menschen an der Leine hinter sich herzuschleifen. Wenn der eine Hund dann beim anderen ankommt, ist der entweder völlig außer sich vor Begeisterung oder aber gar nicht nett. In den meisten Fällen handelt es sich bei diesen »Sich-Hinlegern« um Hunde, die nicht ausreichend Kontakt zu Artgenossen haben und deshalb einfach nicht wissen, wie man sich ihnen gegenüber höflich benimmt. Gehört Ihr Hund zu diesen Kandidaten, sollten Sie Hundekontakt im Freilauf üben – mit Hunden, die dem Ihrem größenmäßig gewachsen und möglichst souverän sind.

Wenn Ihnen eine Hundebegegnung an der Leine »bevorsteht«, handeln Sie am besten schon, bevor Ihr Hund sich in sein Verhalten hineinsteigert. Sie müssen es nicht bis zum Fixieren kommen lassen. Sobald Sie bemerken, dass Ihr Hund langsamer wird (was bedeutet, dass er sich demnächst hinlegt), greifen Sie mit einem munteren »Auf geht's!« oder so ähnlich ins Geschirr und gehen in leichtem Bogen entspannt an dem anderen Hund vorbei.

ANBELLEN

Wenn Ihr Hund an der Leine andere Hunde anbellt, ist das zunächst einmal nichts anderes als Unsicherheit (er kann den anderen nicht einschätzen) oder Frustration (weil er nicht zu ihm hinlaufen kann). Dazu kommt noch, dass die meisten Menschen an der Leine selbst sehr unsicher sind. Wenn ihnen ein Hund entgegenkommt, straffen sie reflexhaft die Leine – und übertragen so buchstäblich Spannung auf den Hund. Sie können sich nicht entscheiden, ob sie ihren Hund an den anderen heranlassen, und erlauben ihm nur unter größter Kraftanstrengung Kontakt: Die Leine ist gestrafft, und der Hund zieht und zerrt und reckt sich zu dem anderen hin. Auf diese Weise kann jedoch überhaupt kein entspannter Kontakt stattfinden. Und in Zukunft wird der Hund aus Frustration schon mal bellen, weil die Kontaktaufnahme sich immer so schwierig gestaltet. Das Blöde: Je mehr er bellt, desto weniger oder halbherziger lässt ihn sein Mensch für gewöhnlich an andere Hunde heran – und desto frustrierter wird er. Bis er irgendwann eine richtige Leinenaggression entwickelt.

DIE SITUATION ENTSPANNEN

Wir Menschen machen uns oft nicht klar, dass Hunde eine frontale Annäherung anderer Hunde als Konfrontation empfinden. Wenn wir ihnen also immer wieder zumuten, auf einem schmalen Bürgersteig locker an einem fremden Hund vorbeizugehen, erwarten wir im Grunde eine Übung der hohen Schule der Gelassenheit von ihnen – dabei haben die meisten Hunde das von uns noch nicht gelernt. Ein Hund, der direkt und geradewegs auf einen anderen Hund zumarschiert, signalisiert damit, dass man ihm lieber ausweichen sollte. Vielleicht will der Hund das ja gar nicht, aber er ist nun mal an der Leine und muss mit seinem Menschen mitgehen. Ihr Hund wiederum würde vielleicht gerne höflich ausweichen, kann dies aber nicht tun, weil er seinerseits angeleint ist. Darum agieren viele Hunde an der Leine beim Anblick anderer Hunde mit Gebrüll, Geknurre und Theater, um den anderen Hund auf Abstand zu halten.

> **»Denken Sie daran, dass sich Ihre Stimmung immer auf Ihren Hund überträgt – Ihre Angst genauso wie Ihr Stress oder Ihre Nervosität. Bleiben Sie gelassen und atmen Sie ruhig, um Ihrem Hund Souveränität und Sicherheit zu vermitteln.«**

Nachdem Sie der Leiter, der Anführer und das Sicherheitspersonal Ihres Hundes an der Leine sind, müssen Sie ihm helfen, solche für ihn zunächst bedrohlichen Situationen möglichst souverän zu meistern. Lassen Sie ihm die Möglichkeit, beim Anblick eines anderen Hundes in dessen unmittelbarer Nähe höflich zu reagieren. Das kann er, wenn Sie ihm genug Zeit und genug Leine lassen, beschwichtigend irgendwo herumzuschnüffeln, einen großen Bogen um den anderen zu laufen und ihn gegebenenfalls seitlich kennenzulernen.

Eine andere Möglichkeit ist es, den Hund ins »Bei mir!« (siehe Seite 86 f.) zu stellen – so laufen Sie vor Ihrem Hund, haben ihm einen festen Platz zugewiesen und stellen sich in gewisser Weise »zwischen« Ihren Hund und dem Reiz. Ihr Hund kann sich dadurch an Ihnen orientieren und fühlt sich sicher. Für viele Hunde ist dies auch die angenehmste Möglichkeit, durch die Stadt oder ein sehr unruhiges Umfeld zu gehen. Sie können sich dann nämlich in aller Ruhe auf die Fersen oder Kniekehlen ihres Frauchens oder Herrchens konzentrieren und müssen sich nicht mit zu vielen Reizen belasten.

ÜBUNG: HUNDEBEGEGNUNGEN AN DER LEINE

Wichtig ist immer, rechtzeitig zu agieren und dem Hund eine neue Option zu seinem bisherigen Verhalten zu zeigen.

Gehen Sie bewusst langsamer und lassen Sie Ihren Hund beschwichtigen, indem er am Wegrand schnüffelt, wenn er das möchte, oder sogar in einem großen Bogen vom Weg heruntergehen, wenn er Abstand zu dem anderen Hund gewinnen will.

Gehen Sie den Bogen möglichst frühzeitig und nicht erst, wenn Ihr Hund schon aufgeregt und angespannt ist. Bei manchem Hund beträgt der notwendige Höflichkeitsabstand anfangs bis zu 20, 30 Meter – bis er irgendwann gelernt hat, dass er auch bei einem geringeren Abstand »sicher« ist, weil sein Mensch aufpasst.

Bleiben Sie ein entspanntes Vorbild: Trödeln Sie ruhig atmend mit Ihrem Hund in einem weiten Bogen neben dem Weg entlang, betrachten Sie mit weichem Blick die Umgebung und konzentrieren Sie sich auf keinen Fall auf den anderen Hund (ich weiß, ich weiß: Denken Sie nicht an einen blauen Elefanten …).

Gehen Sie frühzeitig einen Bogen, damit Ihr Hund lernt, dass er ausweichen darf.

Solange Ihr Hund noch ins Pöbeln verfällt, wird der andere Hund nicht betrachtet oder begrüßt.

Sprechen Sie ruhig fröhlich mit Ihrem Hund, wenn Sie möchten. Erklären Sie ihm, dass der andere Hund ein reizend aussehender Mittelschnauzer oder Beagle ist und Sie genau so einen mal in der Nachbarschaft hatten – so was in der Art.

Wenn die Umgebung es Ihnen nicht erlaubt, einen wirklich großen Bogen zu laufen, machen Sie zumindest einen entsprechenden Bogen zum Wegesrand. Gehen Sie langsam und entspannt und wenden Sie Ihren Blick konzentriert auf den Bogen. Führen Sie Ihren Hund auf der Seite, die dem fremden Hund abgewandt ist. Lassen Sie die Leine locker. Wenn Ihr Hund zieht, ist das in diesem Fall sein Problem. Sie selbst dürfen auf keinen Fall über die Leine Spannung aufbauen oder vermitteln.

Wenn Ihr Hund sich dennoch aufführt wie der Rächer der Unverstandenen, müssen Sie sich aber auch keine Sorgen machen. Wenn Sie weiterhin wie beschrieben vorgehen, wird er spätestens nach zwei, drei weiteren Begegnungen mit anderen Hunden deutlich entspannter. Weil Sie ihm konsequent immer wieder zeigen, dass er andere Optionen hat, als sich unnötig aufzuregen.

Falls Sie schon zu nahe am anderen Hund sind, schneiden Sie Ihrem Hund den Weg ab, um den Bogen zu gehen.

Haben Sie den anderen Hund großräumig »umschifft«, setzen Sie Ihren Weg ganz gelassen und selbstverständlich fort.

ÜBUNG FÜR FRUSTRATIONSKLÄFFER

Gerade Junghunde wollen möglichst jeden Hund kennenlernen, den sie unterwegs sehen. Aber nicht jeder andere Hund möchte Kontakt. Außerdem ist es wichtig, mit Hunden Frustrationstoleranz zu üben – man kann nun mal nicht immer jedem Wunsch nachgeben. Die zuvor beschriebene Übung für Hundebegnungen an der Leine ist auch für Frustrationskläffer sehr wichtig. Allerdings sollte das Training mit ihnen noch etwas weiter gehen, um die Spannung abzubauen.

Üben Sie mit mehreren Leuten, deren Hunde Ihr Hund möglichst nicht kennt, auf einer großen Wiese oder auf einem Feld (Wald oder Straße sind unpraktisch, weil Sie im Zweifelsfall nicht weit genug ausweichen können, da überall dorniges Unterholz ist oder Autos herumfahren).

Nehmen Sie Ihren Hund an die lange Leine und gehen Sie entspannt mit ihm auf dem Feld spazieren. Geben Sie einem der Leute mit fremdem Hund ein Signal (zum Beispiel mit dem Handy), jetzt den Feldweg entlangzukommen. Sobald Ihr Hund den fremden Hund auf dem Feldweg sieht, gehen Sie in großen Bögen so weit von dem anderen Hund weg, bis Ihr Hund sich entspannen kann.

Sobald Ihr Hund Spannung aufbaut, starten Sie Ihren Bogen.

Würdigen Sie den anderen Hund keines Blickes und konzentrieren Sie sich auf etwas am Boden.

Machen Sie Ihr »Achtung!«-Geräusch und belohnen Sie ihn, sobald er Sie ansieht, mit einem Keks. Gehen Sie etwas näher an den fremden Hund heran. Wenn Ihr Hund sich wieder anspannt, gehen Sie zügig eine Acht in die andere Richtung.

Lassen Sie jetzt einen weiteren fremden Hund kommen und wiederholen Sie die Achten, die Bögen, das »Achtung!«-Geräusch. Bleiben Sie aktiv, nähern Sie sich in großzügigen Bögen dem anderen Hund (bleiben Sie aber immer noch in einem Abstand von mindestens 15 Metern), solange Ihr Hund dabei ruhig bleibt.

Wenn Ihr Hund sich nur um den Anblick des anderen Hundes zu kümmern scheint, gehen Sie in die Hocke und untersuchen hoch aufmerksam irgendeine Stelle am Boden. Legen Sie dabei ganz beiläufig einen Keks unter einen Grashalm oder ein Blättchen und warten Sie ab, ohne hochzuschauen: Ihr Hund wird früher oder später nachschauen, was Sie da eigentlich machen – auch wenn das ein paar Minuten dauern kann. Jetzt haben Sie es nicht nur geschafft, dass er sich trotz fremdem Hund am Horizont dafür interessiert, was Sie machen. Das umgeleitete Interesse hat sich für ihn sogar gelohnt, weil er auch noch einen Keks gefunden hat.

Kümmern Sie sich nicht darum, was Ihr Hund hinter Ihrem Rücken macht.

Atmen Sie ruhig, bleiben Sie gelassen, tun Sie so, als ginge Sie sein Benehmen nichts an.

Organisieren Sie per Handy den nächsten fremden Hund und wiederholen Sie das Bogen- und Kurvenlaufen. Sie werden sehen: Ihr Hund wird jetzt schon deutlich entspannter reagieren. Hocken Sie sich wieder hin und beobachten Sie einen Käfer, betrachten Sie ein Gänseblümchen und legen unbemerkt einen Keks unter ein paar Gräser. Ihr Hund wird diesmal schneller zu Ihnen kommen, weil er verstanden hat, dass es sich durchaus lohnt, trotz Anwesenheit eines anderen Hundes mit Ihnen in Kontakt zu bleiben.

Wiederholen Sie diese Übungen ein paar Tage später genauso gut gelaunt mit zwei oder drei (möglichst anderen) fremden Hunden. Es ist aber auch nicht so schlimm, wenn Sie nicht so viele fremde Hunde in petto haben: Ihr Hund hatte ja beim letzten Mal keinen Kontakt mit den »Fremdhunden«, also sind sie zumindest immer noch semi-fremd.

Konzentrieren Sie sich auf die Blättchen am Boden oder die Vögel am Himmel, zählen Sie die Steinchen oder Gänseblümchen ...

Geben Sie Ihrem Hund keinerlei Rückendeckung. Ihr Fokus bleibt bei den Blättchen, den Vögeln oder den Blümchen.

Variieren Sie die Übungen, indem auch mal ein Mensch mit zwei Hunden auftaucht. Gleichzeitig verringern Sie die Abstände immer mehr, bis Ihr Hund ruhig bleibt, obwohl die anderen Hunde nur zehn Meter entfernt sind. Loben Sie ihn mit ruhiger Stimme ohne Aufregung und geben Sie ihm einen Keks.

Werden Sie nicht ungeduldig: Es hat eine Weile gedauert, bis Ihr Hund sich angewöhnt hat, andere Hunde anzubellen. Es wird daher genauso auch eine Weile dauern, bis er von seiner Trasse wieder abkommt. Manche Hunde machen es einem überraschend einfach und sind so froh und dankbar, wenn man ihnen endlich erlaubt, den notwendigen Abstand einhalten zu dürfen. Diese Hunde sind von einer Woche auf die andere plötzlich lammfromm. Andere halten länger an ihren lieb gewonnenen Gewohnheiten fest. Wie es auch ist: Bleiben Sie dran. Es wird besser, ehrlich! Je entspannter Sie sind, desto gelassener ist Ihr Hund.

Beschäftigen Sie sich so lange mit ihrer wunderbaren »Entdeckung«, bis Ihr Hund nachschaut, was Sie da eigentlich machen.

Sobald Ihr Hund sich um Sie kümmert, loben Sie ihn leise und unaufgeregt, und setzen Ihren Weg entspannt fort.

GELASSEN BLEIBEN TROTZ STARKER REIZE

Viele Hunde sind geradezu Musterbeispiele für Gelassenheit an der Leine – bis ihnen ein Reiz begegnet, der ihnen über die Hutschnur geht. Das kann beim einen eine Katze auf einem Autodach sein, beim anderen ein Eichhörnchen, beim dritten Rehe, Radfahrer oder Inline-Skater.

Um den Hund an derlei Unvorhersehbarkeiten zu gewöhnen, können Sie sie ganz gezielt suchen. Das Gute daran ist, dass Sie einen Plan haben und deshalb nicht selbst von einem plötzlich auftauchenden Inline-Skater, Radfahrer oder Reh überrascht werden – und daher dementsprechend rechtzeitig (und überlegt) handeln können. Je öfter Sie das tun, je normaler also derartige Begegnungen werden, desto weniger gestresst reagieren Sie. Und desto entspannter wird ganz automatisch auch Ihr Hund.

KALKULIERTE STRESSSITUATION

Klingt wunderbar einfach, oder? Ist es aber anfangs natürlich nicht. Denn zuerst einmal ist die folgende Übung eine Übung in Sachen Selbstbeherrschung für uns Menschen. Achten Sie darauf, dass Sie Ihre Arme entspannt hängen lassen: Viele von uns spannen in Erwartung von Unvorhersehbarem von vornherein ihre Arme an, um den Hund im Zweifelsfall besser halten zu können. Dies spannt zum einen den Bewegungsablauf an. Zum anderen kann allein schon diese angespannte Haltung einen Hund dazu bringen, an der Leine zu ziehen oder seinerseits angespannt zu werden (man nennt das auch Stimmungsübertragung).

DIE ÜBUNG DAZU

Wenn Ihr Hund aufgeregt reagiert, sobald eine Katze vor seinen Augen dreist über die Straße rennt, ein Inline-Skater an Ihnen vorbeirauscht oder ein Fahrradfahrer den gleichen Weg benutzt wie Sie, suchen Sie ganz gezielt eine Spaziergehstrecke, auf der genau diese Reize vorhanden sind (vielleicht nicht alle auf einmal, das wäre für den Anfang zu viel verlangt – auch von Ihnen). Laufen Sie nicht direkt auf der Skater- oder Radrennstrecke, wenn Ihnen Ihr Leben lieb ist. Aber in einem Abstand von zwei Metern dürfen Sie schon danebenlaufen.

Sobald Ihr Hund seine Aufmerksamkeit auf den Reiz richtet, bleiben Sie stehen, wenden Ihre Schultern von dem jeweiligen Objekt des Ärgernisses ab und denken an das Allerlangweiligste, das Ihnen gerade einfällt. Denken Sie an eine besonders öde Ansprache irgendeines Politikers, erinnern Sie sich an eine besonders bescheuerte Werbung oder versuchen Sie, im Geiste Schillers »Glocke« aufzusagen. Lenken Sie Ihre eigene Aufmerksamkeit gezielt von dem Reiz weg, der Ihren Hund gerade so aufregt. Wenn er von Ihnen nämlich keinerlei Aufmerksamkeit (= Bestätigung seiner Empörung) bekommt, läuft seine Stimmung sozusagen ins Leere. Der Reiz wird weniger wichtig.

Warten Sie ab, bis Ihr Hund wieder ruhig und entspannt ist, bevor Sie weitergehen. Bei Hunden zählt der letzte Eindruck nämlich mehr als der erste. Wenn er den Ort des Geschehens verlässt, wenn ihm nichts Besonderes mehr auffällt, wird er beim nächsten Mal an dieser Stelle ebenso entspannt sein. Wenn Sie ihn dagegen unter höchster Aufregung vom Platz entfernen, wird er für den Rest seines Lebens an dieser Stelle nach der Katze, dem Skater oder dem Eichhörnchen vom letzten Mal suchen.

In der Gruppe ist Barthl ein echter Brandstifter, was Reize angeht. Ohne die anderen ist er ein Fels.

KOMMT ZEIT, KOMMT ENTSPANNUNG

Je öfter Sie das üben, desto entspannter wird Ihr Hund an der Leine bei derlei Begegnungen. Obwohl es den Eindruck macht, als wäre Ihr Part dabei passiv, agieren Sie dabei ganz zielgerichtet, weil Sie das Verhalten Ihres Hundes in eine andere Richtung lenken – und das, ohne ihn anzusprechen, an ihm herumzuzuppeln oder ihn physisch zu ermahnen: einfach durch Stimmungsveränderung.

»Lenken Sie Ihre Aufmerksamkeit gezielt von dem Reiz weg, der Ihren Hund gerade so aufregt. Bekommt er von Ihnen keine Bestätigung, läuft seine Stimmung ins Leere, und der Reiz wird weniger wichtig.«

Schwierig ist es, wenn Sie Eichhörnchen und Radfahrern nur ein paar Mal im Jahr begegnen. Denn dann ist es kaum möglich, eine Generalisierung für sein neues Verhalten zu schaffen. Ziehen Sie die Übung trotzdem durch, denn es geht vor allem ja darum, Ihrem Hund als Vorbild zu dienen. Wenn Sie sich aufregen, hinter dem Radfahrer herschimpfen oder den Inline-Skater maßregeln, suggerieren Sie Ihrem Hund, dass Sie diese Dinge oder Personen nicht tolerieren und »weghaben« wollen. Dann wird er Sie beim nächsten Mal, wenn Sie zusammen einem Fahrradfahrer begegnen, tatkräftig dabei unterstützen, diesen zu verjagen.

Das hilft:

- Stresssituationen als willkommene Übung betrachten, anstatt sich stressen zu lassen.
- Gezielt und souverän agieren, anstatt die »Gefahrenzone« fluchtartig zu verlassen.
- Gelassen bleiben und das ruhige Atmen nicht vergessen.
- Nicht das geringste Interesse oder die minimalste Aufmerksamkeit auf den jeweiligen Reiz richten, um den Hund beruhigen zu wollen.

Ändern Sie das Verhalten Ihres Hundes, indem Sie seine Stimmung beeinflussen.

KRISEN-MANAGEMENT

Ihr Hund kann sich bei seinen Artgenossen noch so sehr um Höflichkeit bemühen, es wird immer Rüpel geben, die einfach forsch auf ihn zustürmen, statt erst mal gebührend Abstand zu halten.

Meine eigenen Hunde sind ausgesprochen kommunikativ – wahrscheinlich, weil ich meinerseits ja auch ungebremst mit jedem rede. Sie dürfen an der Leine auch Kontakt zu anderen Hunden haben. Allerdings haben meine Hunde grundsätzlich keine Probleme mit anderen Hunden und die auch nie mit uns – dafür sind wir viel zu viele.
Habe ich tatsächlich mal einen Hund dabei, der einen uns entgegenkommenden Hund offenbar doof findet, stelle ich mich rechtzeitig vor ihn, damit er weiß, dass er in Sicherheit ist und sich um nichts kümmern muss: Ich erledige das schon für ihn.

UNERWÜNSCHTE KONTAKTE

Für viele Leute sind derartige Kontakte – der eigene Hund ist angeleint, ein anderer Hund kommt direkt auf ihn zu, weit und breit kein Hundebesitzer in Sicht – allerdings ein echtes Schreckensszenario. Sie wissen einfach nicht, was sie tun sollen. Glücklicherweise gibt es auch für solche Fälle, wie eigentlich immer, verschiedene Möglichkeiten, so zu reagieren, dass die Situation nicht eskaliert – unabhängig davon, ob der andere Hund im Grunde freundlich gesinnt ist oder eher nicht.

»Ein Hund sollte nie das Gefühl haben, er wäre auf sich gestellt und es wäre seine Aufgabe, die Lage zu klären. Das ist nämlich eindeutig unser Job.«

Als echte Stimmungskanone sorgt Barthl bei jeder Hundebegegnung »aktiv für Entspannung«.

SIEHT DER FREMDE HUND EINIGERMASSEN ENTSPANNT AUS?

Dann spreche ich ihn an. Ich erkläre ihm und meinem eigenen Hund, dass er ja ein ganz besonders reizender Vertreter seiner Rasse sei, ob er sich verlaufen hätte und wie er denn das Wetter fände? Auf diese Weise bringe ich mich als Mensch aktiv ein, die Aufmerksamkeit des fremden Hundes wird auf mich gelenkt (er kann also schlecht anfangen, meinen Hund anzustarren, er muss ja auch auf mich reagieren), und damit ist der Fokus erst einmal nicht mehr alleine auf meinen Hund gerichtet. Weil ich aktiv für eine freundliche Stimmung gesorgt habe (was für mich leicht ist, denn ich bin grundsätzlich allen Hunden gegenüber freundlich eingestellt), ist erst einmal keiner gereizt. Die Leine meines Hundes bleibt locker, sollte er doch ziehen, gebe ich sofort nach, um nicht mithilfe der straffen Leine Angespanntheit auszulösen. Dementsprechend dürfen sich die Hunde auch beschnüffeln. Sobald das geschehen ist, geht der andere Hund gewöhnlich befriedigt seiner Wege.

MACHT DER ANDERE KEINEN FREUNDLICHEN EINDRUCK?

In diesem Fall stelle ich mich vor meinen Hund, breite die Arme aus wie eine Bahnschranke und sage fest, aber ohne zu schreien oder aufgeregt zu werden, »Stopp!«. Das vermittelt erstens meinem Hund, dass ich mich um ihn kümmere, und zweitens dem fremden Hund, dass er erst einmal an mir vorbei muss. Was er zweifellos versuchen wird, sonst käme er nicht so zielstrebig, mit streng auf meinen Hund gerichteten Blick, auf uns zu.
Ich gehe trotzdem mal davon aus, dass dieser Hund nicht einfach so angreifen will (das wäre sonst schon geschehen). Ich klatsche also in die Hände, gehe zwei, drei Schritte auf den Hund zu und sage streng (immer noch: ohne zu schreien oder aufgeregt zu werden): »Machst du wohl, dass du wegkommst!«, oder etwas Ähnliches. Normalerweise wird schon das den Hund so verwirren, dass er sich tatsächlich vom Acker macht. Denn er wird eher gewohnt sein, dass die Leute schreien, der andere Hund bellt und die Situation innerhalb weniger Sekunden richtig schön eskaliert.

SIEHT ES AUS, ALS WÜRDE GLEICH EIN KAMPF LOSGEHEN?

Treffen sich zwei erklärte »Lieblingsfeinde«, lasse ich die Leine fallen, gehe strammen Schrittes in eine andere Richtung und rufe meinen Hund. Ich entferne mich also aus dem Spannungsgebiet. Die Chancen stehen 80:20, dass nichts passiert, wenn die Hunde von mir keinerlei Rückendeckung (und zusätzliche Spannung) mehr erfahren. Außerdem gebe ich meinem Hund auf diese Weise einen hervorragenden Grund, alle konfliktreichen Verhandlungen abzubrechen und sich aus dem Staub zu machen. Schließlich muss er mir ja folgen.

FEHLERSUCHE

Kein Buch der Welt kann auf all das Antworten geben, was Hunde sich so ausdenken. Selbst die am besten trainierten Hunde der Welt kommen manchmal nach Jahren völlig unvermittelt auf die unsinnigsten Ideen. Und ich verspreche ihnen: Sie können dabei sehr kreativ sein. Doch was immer Ihr Hund sich plötzlich ausdenken mag: Es ist niemals »der blöde Hund« oder »die blöde Trainingsmethode«. Viel häufiger haben Sie (unbewusst) etwas verändert. Vielleicht haben Sie auch bestimmte Schwachpunkte lange nicht mehr trainiert. Oder Sie waren längere Zeit über beim Spazierengehen mit Ihren Gedanken ganz woanders.

Wenn Sie sich bei allen unerwünschten Verhaltensweisen Ihres Hundes in Zukunft nicht mehr auf das Problem konzentrieren, sondern darauf, die Lösung zu suchen, macht Ihr Hund Ihnen nicht nur mehr Spaß, Sie werden auch viel kreativer in der Erziehung und beim Training. Nichts von dem, was Ihr Hund »anstellt«, macht er mit Absicht und Vorsatz. Er will auch nicht Ihre oder seine Grenzen testen, indem er an der Leine zieht, nicht gehorcht oder Ihnen ausweicht, wenn Sie versuchen, ihn anzuleinen. Wahrscheinlich traut er einfach Ihrer Stimmung nicht so ganz, oder Ihre Körpersprache ist nicht eindeutig. Oder er kennt die Grenze noch nicht, die Sie gerade setzen. Oder das Kommando.

Hunde planen nicht, uns auflaufen zu lassen oder sich über uns lustig zu machen. Sie wissen auch nicht ganz genau, was sie getan haben. Alles, was Hunde zeigen, ist eine direkte Reaktion auf unser Verhalten. Das ist einerseits blöd und anstrengend, weil es von uns verlangt, uns dauernd selbst zu beobachten. Andererseits ist es vielleicht die beste Chance, die wir bekommen, um bessere Menschen zu werden. Ganz ohne Therapeuten.

GEDANKENÜBUNGEN, UM LÖSUNGSORIENTIERTER ZU WERDEN

Ihr Hund kam bisher immer fröhlich angerannt, wenn Sie ihn gerufen haben, um ihn anzuleinen, aber jetzt klappt das plötzlich nicht mehr? Hierfür kann es mehrere Gründe geben:

Haben Sie sich in letzter Zeit vielleicht zu oft als »Spielverderber« gezeigt und Ihren Hund vor allem dann angeleint, wenn er gerade etwas wirklich Wichtiges zu tun hatte? Dann üben Sie das Anleinen wieder etwas öfter mit Keksbelohnung und zu banaleren Anlässen, nicht wenn Sie ihn aus einem Spiel mit einem Freund oder einem Gebüsch mit Grillabfällen herausholen müssen. Das Anleinen muss wieder ritualisiert und vom Hund als unspektakuläre Handlung abgespeichert werden.

Ihre Stimmung ist gereizt, weil Sie Ihren Hund vielleicht schon hundertmal gerufen haben? Bei diesem genervten Tonfall hat er vermutlich Hemmungen, nahe an Sie heranzukommen. Sorgen Sie für eine ruhige, entspannte Stimmung und Stimme, wenn Sie Ihren Hund rufen. Dann wird er auch kommen.

Haben Sie beim Anleinen nach dem Hund gegrapscht? Das löst bei vielen Hunden einen Fluchtreflex aus. Leinen Sie ihn wieder ruhig an und bieten Sie ihm einen Keks fürs Herankommen.

Hauen Sie ihm beim Anleinen unbewusst immer den Karabiner einer anderen Leine auf die empfindliche Schnauze? Achten Sie darauf, dass Sie ihm nicht versehentlich wehtun.

Freuen Sie sich möglicherweise wie wahnsinnig, wenn er zu Ihnen kommt? Ich habe schon oft erlebt, dass ein Hund dieses Tamtam unangemessen findet und seinen Menschen deshalb meidet, obwohl er eigentlich gerne kommen würde. Sagen Sie einfach nichts, wenn er kommt, und leinen Sie ihn nur ruhig an.

Sie haben einen neuen, jungen Hund, der den älteren ständig anspielt? Kein Wunder, dass der genervt ist und versucht, durch Ziehen an der Leine Abstand zwischen sich und den Jungspund zu bekommen. Unterbinden Sie die Avancen des Junghundes.

Vielleicht hatten Sie in letzter Zeit sehr viel um die Ohren und einfach andere Prioritäten, als sich mit aller Ruhe Ihrem Hund zu widmen? Wir Menschen sind nicht jeden Tag gleich, nicht jeden Tag ausgeglichen und auch nicht jeden Tag gerecht. Möglicherweise waren Sie in letzter Zeit beim Spaziergang zu oft am Handy, und die Spaziergänge mit Ihrem Hund fanden zwar zusammen, aber nicht gemeinsam statt. Gehen Sie wieder mit einem Plan spazieren und trainieren Sie ein bisschen.

Möglicherweise gehen Sie mit anderen Leuten spazieren, deren Hunde weniger ruhig ausgebildet wurden als Ihr eigener. Überprüfen Sie dann, ob Sie unterbewusst die Kommandos oder Taktiken dieser Leute übernommen haben (Sagen Sie zum Beispiel plötzlich »Hier!« statt »Zu mir!«? Lassen Sie Ihren Hund neuerdings absitzen, um ihn anzuleinen?). Das hieße, dass Sie plötzlich die Spielregeln geändert haben, ohne das mit Ihrem Hund abzusprechen. Das unbewusste Übernehmen einer anderen Diktion passiert viel schneller, als man glaubt: Weil ich in einem englischen Internat aufgewachsen bin, in dem Flüche mit Geldstrafen belegt waren, kam mir nie etwas Schlimmeres über die Lippen als »Zum Donnerwetter«. Als ich zurück nach Deutschland kam, machten sich die Leute lange Zeit darüber lustig – bis meine Tante irgendwann etwas pikiert feststellte, dass ich nun den gleichen Wortschatz hätte »wie alle«.

Falls Sie in letzter Zeit zu viele Belastungen hatten, haben Sie vielleicht wieder angefangen, gedankenlos an der Leine zu zuppeln oder zu rucken – die ganzen kleinen Dinge, die Sie sich vorher mühevoll abtrainiert hatten. Wenn wir Stress haben, fallen wir häufig wieder in alte Verhaltensmuster zurück und gehen nicht mehr selbstreflektiert spazieren. Erinnern Sie sich daran, welche Übungen Ihnen anfangs geholfen haben, und wiederholen Sie das Training.

Wenn Ihr Hund an der Leine plötzlich wieder ausfallend wird, liegt es möglicherweise daran, dass er gerade zwei Wochen in der Hundepension oder bei den Schwiegereltern war. Heißt: Er hatte Stress, weil Sie nicht da waren. Wiederholen Sie »Ihre« Übungen, damit er sich wieder an Ihre Rituale erinnert.

EPAL

DIE AUTORIN

Die Journalistin und Autorin **Katharina von der Leyen** liebt Hunde, seit sie denken kann. Ihr Berufsleben gestaltete sich immer als Spagat zwischen Lifestyle und Hunden: Nach einem Praktikum bei Erik Ziemen zog sie für eine Anstellung bei der australischen »Vogue« nach Sydney, kündigte aber bald, um lieber im dortigen Zoo zu arbeiten. Sie lebte in New York und Los Angeles, um über das dortige Film- und Glitzer-Leben zu berichten, und arbeitete dann ein Jahr als Cowgirl auf einer Ranch in New Mexico. Hunde begleiteten sie immer und überallhin und zeigten ihr, wie die Welt aus ihrer Sicht aussieht. Katharina von der Leyen lebt heute auf einem Hof in Bayern mit ungefähr neun Hunden. Sie hat noch nie einen Hund getroffen, den sie nicht mochte.

REGISTER

BÜCHER UND ADRESSEN

BÜCHER

Arce, José: *José Arce's Welpenbuch.* Gräfe und Unzer Verlag

Böhm, Inga/von der Leyen Katharina: *Leinen los!* Gräfe und Unzer Verlag

Böhm, Inga/von der Leyen Katharina: *Die zweite Chance. Hunde mit Vergangenheit.* Kosmos Verlag

Jones, Dr. Renate: *Aggression bei Hunden.* Kosmos Verlag

Löckenhoff, Ursula: *Dogwalk. Gemeinsam unterwegs – Ideen für eine glückliche Mensch-Hund-Beziehung.* Kosmos Verlag

Rugaas, Turid: *Calming Signals – die Beschwichtigungssignale der Hunde.* Animal learn

Von der Leyen, Katharina: *Welpen Praxisbuch.* Gräfe und Unzer Verlag

ZEITSCHRIFTEN

Der Hund. Deutscher Bauernverlag GmbH, www.derhund.de

Partner Hund. Gong Verlag, Ismaning, www.partner-hund.de

ADRESSEN

Verband für das deutsche Hundewesen e.V. (VDH)
Westfalendamm 174
44141 Dortmund
www.vdh.de

Österreichischer Kynologenverband (ÖKV)
Siegfried-Marcus-Straße 7
A-2362 Biedermannsdorf
www.oekv.at

Schweizerische Kynologische Gesellschaft (SKG)
Brunnmattstraße 24
CH-2007 Bern
www.skg.ch

INTERNETSEITEN

www.lumpi4.de
www.leyen-hundefutter.de

DANK

Danke, danke, danke, danke an Inga Böhm-Reithmeier für die vielen guten Gespräche, ihre Großzügigkeit, ihre Ideen, ihren Humor und ihre große Lust, sich auch noch mit den kleinsten Nischenthemen im Bereich Hund auseinanderzusetzen.

Dank an Pedi Matthies von www.hundenerd.de, die mir das einzige Geschirr zur Verfügung gestellt hat, das wirklich in Zusammenarbeit mit Physiotherapeuten entstanden ist, und unzerstörbare Leinen, die man sich um die Hüfte hängen kann, wenn man zu viele Leinen halten muss.

Dank auch an Marion Abendroth von www.souleashes.de für die schönen, sehr besonderen Halsbänder und Leinen, die so angenehm und leicht zu tragen sind.

Nicht zuletzt auch Dank an Christine Schmidt, die bei www.hund-natuerlich.de exakt die Fettlederleinen hat, die man braucht – in allen Längen und Breiten.

DIE WERDEN SIE AUCH LIEBEN.

ISBN 978-3-8338-6449-0

ISBN 978-3-8338-4734-9

ISBN 978-3-8338-5391-3

ISBN 978-3-8338-5222-0

ISBN 978-3-8338-5724-9

ISBN 978-3-8338-2645-0

Alle hier vorgestellten Bücher sind auch als eBook erhältlich.

GU

Mehr von GU auf **www.gu.de** und **facebook.com/gu.verlag**

Projektleitung: Nadja Harzdorf, Sylvie Hinderberger
Lektorat: Sylvie Hinderberger
Bildredaktion: Nadja Harzdorf, Sylvie Hinderberger, Matias Kovacic
Umschlaggestaltung und Layout: independent Medien-Design, Horst Moser, München
Satz: Christopher Hammond
Herstellung: Susanne Fuhrmann
Repro: Longo AG, Bozen
Druck & Bindung: Firmengruppe appl, Wemding

ISBN 978-3-8338-6645-6

1. Auflage 2018

GRÄFE UND UNZER

Ein Unternehmen der
GANSKE VERLAGSGRUPPE

DIE FOTOGRAFIN:

Nicole Munninger lebt im Saarland. Seit 1994 arbeitet die gelernte Fotografin hauptsächlich für Industrie und Werbung in den Bereichen Architektur, Porträt und Reportage. Tiere, insbesondere Hunde, waren schon immer Teil ihres Lebens und somit die liebsten Fotomodelle. Bei den Shootings setzt sie auf DAS Foto, welches den Charakter eines Hundeindividuums ausmacht. Daraus entwickelten sich zahlreiche Auftragsarbeiten.

BILDNACHWEIS

Cover:
Weitere Bilder: Alle Fotos in diesem Buch stammen von **Nicole Munninger**, mit Ausnahme von: **Matias Kovacic**: Seite 1, 40, 117 und 132; **Katharina von der Leyen:** Seite 39 und 110.

Illustrationen: Alle Illustrationen in diesem Buch stammen von **Zita Schlegel.**

Syndication:
www.jalag-syndication.de

Umwelthinweis: Dieses Buch ist auf PEFC-zertifiziertem Papier aus nachhaltiger Waldwirtschaft gedruckt.

www.facebook.com/gu.verlag

QUALITÄTS G|U GARANTIE

LIEBE LESERINNEN UND LESER,
wir wollen Ihnen mit diesem Buch Informationen und Anregungen geben, um Ihnen das Leben zu erleichtern oder Sie zu inspirieren, Neues auszuprobieren. Wir achten bei der Erstellung unserer Bücher auf Aktualität und stellen höchste Ansprüche an Inhalt und Gestaltung. Alle Anleitungen und Rezepte werden von unseren Autoren, jeweils Experten auf ihren Gebieten, gewissenhaft erstellt und von unseren Redakteuren/innen mit größter Sorgfalt ausgewählt und geprüft.

Haben wir Ihre Erwartungen erfüllt? Sind Sie mit diesem Buch und seinen Inhalten zufrieden? Haben Sie weitere Fragen zu diesem Thema? Wir freuen uns auf Ihre Rückmeldung, auf Lob, Kritik und Anregungen, damit wir für Sie immer besser werden können. Und wir freuen uns, wenn Sie diesen Titel weiterempfehlen, in Ihrem Freundeskreis oder bei Ihrem online-Kauf.

Sollten wir Ihre Erwartungen so gar nicht erfüllt habon, tauschon wir Ihnon Ihr Buch jodorzoit gogon ein gleichwertiges zum gleichen oder ähnlichen Thema um.

KONTAKT
GRÄFE UND UNZER VERLAG
Leserservice
Postfach 86 03 13
81630 München
E-Mail: leserservice@graefe-und-unzer.de
Telefon: 00800 / 72 37 33 33*
Telefax: 00800 / 50 12 05 44*
Mo–Do: 9.00–17.00 Uhr
Fr: 9.00–16.00 Uhr (*gebührenfrei in D,A,CH)